ŒUVRES
COMPLETTES
DE
M. LE CHEVALIER
HAMILTON.

ŒUVRES COMPLETTES

DE

M. LE CHEVALIER

HAMILTON,

MINISTRE *du Roi d'Angleterre à la Cour de Naples, Chevalier de l'Ordre du Bain, Membre de la Société Royale de Londres, &c.*

COMMENTÉES

PAR M. L'Abbé GIRAUD-SOULAVIE.

A PARIS,

Chez MOUTARD, Imprimeur-Libraire de la REINE, de MADAME, de Madame la Comtesse d'ARTOIS, & de l'Académie des Sciences, rue des Mathurins, Hôtel de Cluni.

M. DCC. LXXXI.

Imprimé sous l'Approbation & le Privilège de l'Académie des Sciences.

A MONSEIGNEUR

AMELOT,

MINISTRE ET SECRÉTAIRE D'ÉTAT,
COMMANDEUR DES ORDRES DU
ROI, HONORAIRE DES ACADÉ-
MIES DES BELLES-LETTRES ET
DES SCIENCES, &c. &c.

MONSEIGNEUR,

L'OUVRAGE que j'ai l'honneur
d'offrir à VOTRE GRANDEUR, est
l'Histoire des phénomenes les plus magnifiques & les plus imposans de la
Nature : c'est le fruit d'un travail pé-

nible & de longue durée, exécuté avec courage par un Ministre distingué qui jouit des faveurs d'un Souverain de l'auguste MAISON DE BOURBON.

Ces titres m'enhardissent à rendre cet hommage au Protecteur des Sciences & des Arts, au Ministre éclairé & bienfaisant, qui, élevé à l'école de son illustre Pere, instruit ensuite en détail dans nos Provinces, des intérêts de la Nation, ne respire & n'agit aujourd'hui que pour la gloire du meilleur des Rois, & de l'Etat.

Pénétré de ces vérités, que je laisse à développer à l'Histoire, je suis, avec un profond respect,

MONSEIGNEUR,

DE VOTRE GRANDEUR,

Le très-humble & très-obéissant serviteur,
l'Abbé GIRAUD-SOULAVIE.

EXTRAIT

Des Registres de l'Académie Royale des Sciences, du premier Septembre 1781.

Messieurs Leroi & Adanson ayant rendu compte à l'Académie, d'un Ouvrage intitulé *Œuvres complettes de M. le Chevalier Hamilton*, commentées par M. l'Abbé Soulavie, l'Académie a jugé cet Ouvrage digne de paroître sous son privilége; en foi de ce j'ai signé le présent Certificat.

Fait à Paris, dans l'Académie des Sciences, le premier Septembre 1781.

Le Marquis de Condorcet,
Secrétaire perpétuel de l'Académie.

Le Privilége se trouve dans les Mémoires de l'Académie royale des Sciences.

AVIS
DU LIBRAIRE,

Éditeur des Œuvres complettes de M. HAMILTON.

OCCUPÉS spécialement à publier en notre Langue les Ouvrages Anglois les plus estimables, nous désirions depuis long-temps de donner une édition du fameux Ouvrage de M. Hamilton, Ministre du Roi d'Angleterre à Naples, sur les Volcans de l'Italie. On sait que ce célebre Auteur observe les feux des Volcans depuis dix-sept ans ; ses découvertes sont connues, & néanmoins le prix de ce Livre, qui s'est vendu dans les ventes jusqu'à seize louis, la difficulté de commerce de la Librairie de Paris à Naples, le format même de cet Ouvrage en grand *in-folio*, étoient des obstacles qui empêchoient les Savans de se procurer aisément cet Ouvrage, où, de l'aveu des personnes expérimentées, se trouvent tant de nouvelles observations.

Nous avons pris la résolution alors de publier une édition qui fût portative, peu chere & commode pour les Voyageurs qui,

partant pour l'Italie, se pour-
voient ordinairement des Ouvrages de cette classe pour voyager avec fruit.

Nous étions dans cette résolution, qui fut communiquée à
M. l'Abbé Giraud - Soulavie,
dont l'Ouvrage sur l'Histoire
Naturelle de la France Méridionale, récemment publié, étoit
approuvé des Savans : ce Naturaliste témoigna combien cette
entreprise étoit louable : il observa qu'il n'existe aucun Ouvrage où l'on ait comparé les
phénomenes des Volcans agissans en Italie, à ceux qu'offrent
encore les Volcans éteints des

continens situés en deçà des Alpes ; & il ajouta, qu'en rapprochant par des commentaires les phénomenes (qu'il a observés pendant si long-temps en France) de ceux qu'a si bien décrits M. le Chevalier Hamilton , on pourroit trouver dans cette Science des rapports curieux & nouveaux , & donner la collection de tous les Mémoires connus de M. Hamilton , qui existent épars dans les Transactions Philosophiques.

Il faut donc considérer cette édition portative sous plusieurs vûes : 1°. elle contient la des-

cription des Volcans allumés &
éteints de l'Italie ; 2°. elle ren-
ferme la comparaifon de ces
phénomenes des Volcans ultra-
montains aux phénomenes des
Volcans éteints de la France ;
3°. elle offre dans le même format les obfervations faites par
l'illuftre Obfervateur pendant
les éruptions de 1779 ; 4°. on
y a inféré les defcriptions des
Volcans fitués dans les environs
du Rhin, qu'on a traduites de
l'Anglois, & tirées des Tranfactions Philofophiques.

De forte que cette nouvelle
édition mérite avec raifon le titre d'*Œuvres complettes de M.*

Hamilton, dont l'acquisition est également nécessaire aux Amateurs, aux Savans qui ont déjà l'édition Napolitaine en grand *in-folio*, & aux Savans dont la fortune n'en a point permis l'achat.

On a séparé ainsi de cette nouvelle édition le texte Anglois qui forme une des colonnes de l'édition *in-folio*; mais on a eu recours à ce texte Anglois & original, qui est la Langue naturelle de l'Auteur, pour vérifier la Traduction Françoise; & nous nous flattons, vu les soins qu'on s'est donnés pour conserver le sens

primitif, que l'Auteur ne dé-
favouera point les changemens
& les nouveaux tours de phrafe
adoptés pour rendre le récit plus
clair & plus concis. Le Minif-
tre Britannique, qui a bien voulu, par fa Lettre du 16 Juin, approuver cette entreprife (comme il l'a témoigné à fon Com-
mentateur M. l'Abbé Soulavie),
veut bien nous avertir fpécia-
lement de revoir cette partie
de fon Ouvrage.

Ainfi ce n'eft ici ni une con-
trefaçon clandeftine, ni un
Livre imprimé par efprit de
commerce ou de gain : c'eft
plutôt l'Ouvrage de plufieurs

Savans réunis, pour expliquer la Nature; c'est celui du Miniſtre Britannique, qui étudie le Véſuve depuis ſi long-temps & avec tant de ſuccès; c'est le réſultat du travail de M. l'Abbé Soulavie, dont les Académies ont déjà approuvé les Ouvrages; c'est le Livre enfin d'un célebre Traducteur Anglois. Tous ces Meſſieurs ont travaillé, comme de concert, pour donner à la République des Savans, à peu de frais, un Ouvrage excellent, qui mérite de placer M. Hamilton, Auteur du Texte, parmi les premiers Auteurs des nouvelles découvertes :

couvertes : voilà le but & l'objet de cette édition.

En repréfentant ici le prix de l'édition *in-folio* comme ex-ceſſif pour un grand nombre de perſonnes, nous ne voulons pas nous élever contre le prix in-trinſeque de cet Ouvrage ; il eſt orné d'un ſi grand nombre de gravures enluminées, que per-ſonne n'a trouvé encore qu'il fût trop cher ; nous avons fait obſerver ſeulement que le prix étoit au deſſus d'un grand nom-bre de Savans que nous avons eus en vue particuliérement dans cette édition : auſſi avons-nous ſéparé les tableaux & les peintures enluminées, qui auroient couté fort cher, pour n'adopter que la Carte qui représente la situation des objets, la forme des Volcans, la direction de leurs coulées. D'ailleurs M. l'Abbé Soulavie, dans l'explication de cette Carte, a conservé les descriptions des figures de M. Hamilton, & ce qu'ont écrit de plus curieux MM. de la Lande, le Baron de Dietrich, Guettard, Ferber, Fougeroux, Bridonne, le Pere De la Torre : cette explication, placée à côté de la Carte, sera de la plus grande utilité pour les Voyageurs, qui verront d'un seul point de vue, & dans un volume portatif, la distribution comparée des Volcans de l'Italie, & les païs inondés de leurs laves.

Au reste, c'est ici, pour la quatrieme fois, qu'on imprime les Ouvrages de M. Hamilton ; ses Lettres sont insérées, 1°. dans les Transactions Philosophiques ; 2°. il en a paru une édition *in*-12 en Anglois ; 3°. l'Auteur en a publié une magnifique édition *in-folio*, à Naples, où le Texte Anglois est réuni à une Traduction Françoise faite par l'Auteur ; & c'est ici

la quatrieme édition, la premiere qui ait été faite en France. Elle vient d'obtenir un nouveau prix par l'approbation de
l'Académie des Sciences.

Achevée d'imprimer en 1782.

SUR

SUR LES VOLCANS DE L'ITALIE.

LETTRE

Au Chevalier PRINGLE, *Président de la Société Royale de Londres.*

Naples, le premier Mai 1776.

MONSIEUR,

DEPUIS mon retour dans ce pays, au mois de Janvier 1773, j'ai continué avec assiduité mes remarques sur le mont Vésuve, & les productions volcaniques

A

de son voisinage, si anciennes & si nombreuses.

Chaque remarque nouvelle me confirme dans l'opinion que j'ai déjà communiquée à la Société Royale, & qui a eu l'honneur d'être insérée dans les Transactions Philosophiques.

S'il peut être pleinement prouvé que le cercle que j'ai décrit doit son existence aux explosions volcaniques, arrivées dans des périodes diverses & très-éloignées les unes des autres, & que ce n'est pas simplement un pays déchiré par les feux souterrains, selon l'opinion généralement reçue jusqu'à présent, je me flatte que j'aurai ouvert une carriere nouvelle aux observations sur ce sujet curieux.

Il n'est pas douteux que le voisinage d'un Volcan actif ne doive éprouver de temps en temps les plus tristes accidens, suites naturelles des tremblemens de terre & des éruptions. Des villes entieres avec leurs habitans ont été ensevelies sous une grêle de cendres & de pierres ponces, ou renversées & englouties sous des rivieres de feu liquide ; d'autres ont été emportées dans un instant par des torrens d'eau chaude, vomis par la bouche de ce même Volcan. Les Historiens nous ont conservé la description, souvent succincte, de semblables phénomenes opérés par le Vésuve & l'Etna, Volcans agissant actuellement dans ce royaume ; & les ruines d'Herculaneum, de Pompeï, de Stabia & de Catane, racontent leurs tristes catastrophes en termes les plus pathétiques.

Mais si l'on observe de semblables malheurs locaux dans la grande échelle des événemens de la Nature, l'on verra que c'est le hasard, ou la fatale situation de ces villes, de s'être trouvées dans la ligne d'une de ces grandes opérations, dont le but étoit sûrement pour le bien & pour l'intérêt des générations futures (*a*).

(*a*) Monsieur de Saussure, après avoir donné des preuves de la formation des rochers calcaires, par la déposition des coquillages marins (dans une lettre qu'il m'écrivit derniérement, sur le sol de plusieurs parties de l'Italie), fait cette réflexion, que je répete en propres termes : » Il se fait une consommation continuelle & considérable d'eau & d'air, qui abandonnent leur forme fluide pour se changer en solides ; car la matiere des coraux & coquillages est une terre calcaire, & vous savez, Monsieur, que les Chymistes modernes ont démontré que les terres & les pierres calcaires contiennent plus que la moitié de leurs poids de ces deux élémens. Cette eau & cet air, ainsi combinés, ne peuvent se dégager que par la décomposition des corps dans lesquels ils sont entrés.

La Campanie (Campanie Felice),
ce pays délicieux & fertile, Misene, Baie,

Or, la pierre calcaire ne se décompose point d'elle-même : les injures de l'air peuvent bien la diviser ; les eaux peuvent l'entraîner, la dissoudre, la mêler avec d'autres corps, & lui faire ainsi revêtir mille & mille formes différentes ; mais elles ne peuvent point la décomposer. Les acides peuvent à la vérité dégager l'air fixe que contient la terre calcaire, mais ils ne peuvent point en séparer l'eau qui lui est unie. Le feu seul est capable d'opérer cette décomposition, & de dégager à la fois l'eau & l'air emprisonnés dans cette terre ; il faut même un feu très-violent, & qui aille jusqu'à la vitrification ; car s'il ne faisoit que la réduire en chaux, elle repomperoit peu à peu dans l'atmosphere les élémens dont elle auroit été privée. Seroit-ce là un des usages des feux souterrains ? Seroient-ils destinés à rompre l'union trop forte que les animaux marins établissent entre la terre & les élémens de l'eau & de l'air,

Puzzuoli, les délices de tant d'Empereurs & Généraux Romains, & dont les beautés ont été célébrées par tant de Poëtes : Pausilipe, dont les scenes charmantes inspirerent la Muse de Virgile : la superbe situation de Naples même ; tout cela a été produit, & doit sa beauté & la variété de ses sites à de pareilles destructions apparentes.

Je parle avec plus de confiance depuis

& à rendre ainsi à la Nature ces deux fluides, sans lesquels notre globe deviendroit stérile & désert ? Est-ce pour cette grande fin, que les Volcans ont été si fort multipliés, & qu'ils semblent parcourir successivement toute la surface du globe ? Je ne sais même pas si les Volcans suffisent pour établir une compensation parfaite ; & je suis plutôt porté à croire que les eaux de notre globe ont souffert, depuis les temps les plus reculés, & souffrent encore aujourd'hui, une diminution continuelle.

que j'ai eu le plaisir d'accompagner M. de Saussure, Professeur d'Histoire Naturelle, à Geneve, & de lui communiquer toutes mes remarques sur les lieux mêmes. Ce savant Philosophe, dont la modestie, les talens & la grande expérience sont si bien connus, fut parfaitement d'accord avec moi sur l'opinion de l'origine volcanique de cette partie du pays dont j'ai déjà parlé; & j'espere qu'il voudra bientôt donner au Public l'Histoire de ses remarques sur cet objet : livré à des mains aussi habiles, il ne peut que devenir vraiment instructif & intéressant.

Il est fâcheux, que ceux qui ont écrit le plus sur l'Histoire Naturelle, n'aient pas eu recours aux observations locales, mais qu'ils aient trop légérement adopté des systêmes, peut-être formés dans des cabinets avec aussi peu d'expé-

rience que de fondement. Plus ces syf-
têmes ont été ingénieufement préfentés,
& plus ils nous ont éloignés du vrai : ils
ont entaffé erreur fur erreur. Des remarques fidelles & exactes fur les opérations
de la Nature, & rapportées avec vérité
& fimplicité, ne fe rencontrent que rarement; & ce ne font que des remarques
de cette espece que j'ai eu l'honneur de
communiquer à la Société respectable,
à la tête de laquelle vous vous trouvez,
Monfieur, fi dignement placé (a).

CONVAINCU de la difficulté de donner, par de fimples paroles, une idée
vraie du pays curieux que j'ai décrit,
particuliérement à ceux qui n'ont point
eu l'occafion de vifiter cette partie de
l'Italie, j'ai employé, peu de temps
après mon retour d'Angleterre, le fieur

(a) Voyez la Note I.

Pierre Fabris, natif de la Grande-Bretagne, Artiste très-ingénieux & des plus habiles, à faire des desseins de chaque vue intéressante dont il est parlé dans mes Lettres : chaque tableau y est représenté avec ses propres couleurs; la forme intérieure & extérieure du mont Vésuve, de la Solfaterra, & de tous les autres anciens Volcans dans le voisinage de Naples, est fidélement représentée dans ces desseins, aussi bien que les différens échantillons des matieres volcaniques, comme les laves, les tufas, les pierres ponces, les cendres, les soufres, les sels, &c., matieres dont est évidemment composé tout le pays que j'ai traité.

Tel est l'Ouvrage, Monsieur, que j'ai l'honneur de présenter, par votre canal, à la Société Royale, à laquelle il est humblement dédié, comme lui appartenant de droit. On doit espérer que cette entreprise facilitera d'autres découvertes analogues : on reconnoîtra que les feux souterrains ont plus contribué à la formation des montagnes , des îles, & même des espaces de terre très-considérables, qu'on ne l'avoit pensé jusqu'à présent.

CONVAINCU des dangers des systêmes, je m'en suis écarté, me bornant aux simples relations de ce que j'ai observé moi-même : on peut s'assurer facilement de la vérité, en visitant les endroits les plus curieux, que j'ai indiqués dans la carte générale (*a*).

CEUX qui ont attribué la formation de toutes les montagnes à l'opération de l'eau seule, ne sont sûrement pas fondés dans leur systême : on pourra peut-être

____

(*a*) Voyez la Note II.

en dire autant de ceux qui veulent que
toutes les montagnes aient été formées
par l'explosion des feux souterrains.

M. DE BUFFON, dans sa Théorie de
la Terre, paroît avoir adopté le premier
de ces systêmes : il n'accorde aux feux
souterrains que le pouvoir d'élever des
petits monticules : il pense que le siége
de ces feux n'est que très-superficiel. Le
foyer du Volcan se trouve toujours, selon lui, au centre, ou vers le sommet
des montagnes primitives. Si ce grand
Philosophe (dont le mérite supérieur est
universellement reconnu) eût été informé
que le mont Vésuve, qui s'éleve de
3659 pieds & demi au dessus du niveau
de la mer, & dont la base s'étend sur
près de trente milles de circonférence,
& que le mont Etna, qui ne s'éleve pas
moins que de 10036 pieds au dessus du
même niveau, avec une base d'environ

180 milles de circuit, furent formés aussi évidemment par une suite d'éruptions ou d'explosions volcaniques de plusieurs siecles; que le mont Nuovo, près de Puzzole, le fut par une seule éruption, dans le très-court espace de 48 heures : je crois qu'avec de semblables connoissances il auroit sûrement écrit l'Histoire des Volcans d'une maniere très-différente (*a*).

CHAQUE jour paroît produire de nouvelles découvertes sur les anciens Volcans; & il n'y a plus de doute, que partout où l'on trouve des colonnes basaltiques, de l'espece de celles de la Chaussée des Géans en Irlande, là il y a eu des Volcans, car elles sont entiérement de lave (*b*).

PRÈS du lac de Bolsena, entre Rome & Radicofani (lac qui fut sûrement le

---

(*a*) Voyez la Note III.
(*b*) Voyez la Note IV.

cratere d'un ancien Volcan), j'ai remarqué une lave qui imitoit la forme des
colonnes pentagones , quoiqu'elles ne
foient point fi régulieres & auffi bien
articulées que le font celles de la Chauffée des Géans (*a*). Il y a une lave à peu

---

(*a*) M. Latapie , Gentilhomme François , bon Naturalifte , & très-exact Obfervateur , ayant derniérement examiné avec
attention les bafaltes de Bolfena , a eu
la bonté de me communiquer l'extrait fuivant de fon Journal , qui en traite particuliérement : Toute la montagne , depuis Mon-
tefiafcone jufqu'à Bolfena , n'eft qu'une fuite
de terres & de pierres volcaniques fous diverfes formes , rangées en tranches horizontales dans les vallées , & obliques fur les
montagnes. La partie la plus curieufe de ces
matieres volcaniques font les bafaltes qu'on
rencontre plus fenfiblement à un mille de
Bolfena : c'eft un affemblage de pierres à
demi vitrifiées , d'une dureté extrème , d'un
gris foncé , & formant des prifmes penta-

près de la même espece qui a coulé du mont Vésuve dans la mer, entre Resina

---

gones, la plupart assez réguliers, ordinairement liés ensemble comme des cellules d'abeilles, mais souvent détachés; ils sont couverts d'une croûte blanchâtre de deux ou trois lignes d'épaisseur, laquelle me paroît un effet de l'action de l'air, soit dans le moment du refroidissement de cette lave cristallisée, soit par la suite des siecles : leur position n'est pas perpendiculaire comme celle de la plupart des beaux basaltes de Saint-Tibery, près de Pésenas en Languedoc, mais obliques à 45 degrés, généralement du côté du lac, & en s'élevant les unes derriere les autres en amphithéatre. Une grande partie ont été renversés, & sont dispersés de tous côtés jusque sur les bords du lac. Le fond de ce lac est sensiblement de la même matiere que les basaltes : on peut en juger par le sable que les eaux agitées par le vent jettent assez loin sur le rivage. Il est noir, brillant, mêlé de schorl, & à petits grains, de même nature que les basaltes.

& Torredel Greco; & un ancien fleuve
de lave qui a coulé du mont Etna dans
la mer, à Jacci, près de Catane, forme
actuellement un sol composé totalement
de colonnes distinctes de basalte, placées dans tous les sens, verticales, horizontales ou inclinées, comme celles de
Staffa, décrites par M. Pennant, dans
son Voyage aux Hebrides. Nous entendons parler des mêmes découvertes en
Auvergne, dans les Etats de Venise, &
dans plusieurs autres endroits : enfin, plus
on observera, plus on trouvera que les
Volcans ont agi dans toutes les parties
du monde, & avec plus d'activité qu'on
ne l'avoit imaginé jusqu'à présent (a).

LES anciens Romains, à ce qu'il paroît, n'ont point apperçu que le sol sur
lequel leur Capitale étoit bâtie, four-

(a) Voyez la Note V.

niſſoit des marques évidentes d'exploſions volcaniques. Il ſe trouve auſſi des monumens des opérations de l'eau : des coquillages de mer ſe trouvent en abondance dans pluſieurs parties de cette fameuſe ville, & dans ſon voiſinage.

AYANT communiqué cette obſervation à mon ami M. de Sauſſure, & lui ayant en même temps témoigné mon regret de n'avoir pu examiner à fond le ſol de Rome, il eut la bonté de me promettre de m'envoyer ſes remarques là-deſſus; & ayant accompli ſa promeſſe de la maniere la plus ſatisfaiſante, je tranſcrirai ici avec plaiſir quelques endroits d'une lettre très-intéreſſante, qu'il a eu la bonté de m'écrire derniérement de Geneve, ſur le ſol de l'Italie, & particuliérement ſur celui de Rome & de ſes environs.

LA plaine de Rome eſt parſemée de morceaux

morceaux de lave, & par-tout où la terre est ouverte, on apperçoit des couches de cendres volcaniques & de tufa tendre, dont est composé le fond de cette plaine.

Vous savez, Monsieur, que les fameuses catacombes de Rome sont toutes creusées dans une espece de pouzzolane d'un brun violet, parsemée de cristaux de Schorl, en forme de grenats, les mêmes que l'on voit dans les laves à yeux de perdrix.

Cette pouzzolane sert aux mêmes usages que celle de Baïa, & doit certainement son origine à des Volcans. On a cependant trouvé dans cette même pouzzolane, des ossemens de baleine, & d'autres corps étrangers, qui paroissent avoir été déposés par la mer.

B

CETTE obſervation n'eſt pas la ſeule
qui prouve que cette ville fameuſe, qui
a ſubi de ſi grandes révolutions politi-
ques, repoſe ſur un ſol, qui, long-temps
avant ſa fondation, avoit éprouvé les
plus grandes révolutions phyſiques. La
colline qui porte le nom de *Montemario*,
& qui faiſoit partie de l'ancienne Rome,
a vraiſemblablement pour baſe les couches de matieres volcaniques qui conſti-
tuent le fond de toutes les plaines cir-
convoiſines.

CEPENDANT le corps même de cette
colline eſt preſque entiérement compoſé
de lits de ſable, de cailloux roulés, &
de bancs de coquillages évidemment
marins; enfin le tout eſt recouvert d'une
couche de cendres volcaniques : cette
cendre eſt d'une couleur griſe obſcure ;
on y voit des taches blanches, qui ſont
des pierres ponces ramollies, & comme

calcinées par les injures de l'air : je crois
être le premier qui ai observé cette
couche de cendres ; elle est pourtant
très-visible & très-reconnoissable par-
tout où elle n'a pas été déplacée par
quelques accidens. Ces cendres prouvent qu'après que des Volcans, d'une
antiquité inassignable, eurent jeté les
pouzzolanes qui constituent le fond de
la campagne de Rome, & qu'après que
la mer eut formé des collines sur ces
campagnes, en y amoncelant des sables,
des cailloux & des coquillages, il s'ouvrit
alors des nouveaux Volcans, dont il ne
reste pourtant aucune mémoire, mais
dont les cendres recouvrirent les collines
formées par la mer.

Voici une autre observation du même
genre, dont je dois la connoissance à
M. Byres votre compatriote, auquel vous
avez eu, Monsieur, la bonté de me re-

commander, & qui étudie à Rome avec un égal succès les antiquités de la Nature & celles de l'Art.

A quatre milles de Rome, près de la masure qu'on appelle *Torre del Quinto*, est une colline coupée à pic, au pied de laquelle passe la grande route de Rome à Lorette; le Tibre coule à cent pas de là, dans un lit qui est de huit à dix pieds plus bas que le grand chemin. La partie inférieure de cette colline, jusqu'à la hauteur de sept pieds & demi au dessus du chemin, est toute composée de sable jaune & de cailloux roulés. Sur ces cailloux est une couche épaisse, blanchâtre, mêlée de pierres ponces noires. Ce tufa est recouvert d'un banc de cailloux roulés, semblables à ceux dont le bas de la colline est composé, & l'épaisseur de ce banc est de deux pieds & demi; enfin, au dessus de ce banc, toute la partie su-

périeure de la colline, qui a encore près
de quatre-vingts pieds de hauteur, n'est
autre chose qu'un tufa ou peperino tendre,
d'un gris noir mêlé de pierres ponces.
J'eus la curiosité de grimper au dessus de
la colline, & j'y découvris les ruines d'un
bâtiment, dont le pavé en mosaïque
constatoit l'antiquité, & par conséquent
celle de toute la colline. Il eût été sans
doute intéressant de trouver dans les couches inférieures quelques monumens qui
indiquassent le temps dans lequel elles
ont été déposées ; mais c'est ce que
probablement on ne trouvera jamais.
On sait bien que ce tufa est un produit
du feu; que ces cailloux ont été arrondis
par les eaux, & qu'ainsi cette colline a
été produite par l'action alternative du
feu & de l'eau : mais qui nous dira quand
& à quel intervalle ? On voit encore
que ces cailloux roulés ont été déposés
par un mouvement doux & uniforme ;

B iij

car tous ceux qui font applatis font dans une fituation horizontale : chaque banc a par-tout où on le peut fuivre, à peu près la même épaiffeur, & une direction à peu près horizontale : on peut ainfi conjecturer que les eaux ont fait un long féjour dans cette place, puifqu'elles ont eu le temps de détacher & d'arrondir des fragmens de tufa, que l'on trouve parmi les cailloux roulés : mais ces obfervations ne fixent aucune date précife, & ne font que nous donner des idées vagues d'une antiquité très-reculée.

Le tombeau d'Ovide eft creufé dans le tufa de cette même colline. Les Anciens, qui connoiffoient la durée éternelle & la ficcité des voûtes que l'on creufe dans cette pierre, fi facile d'ailleurs à travailler, aimoient à y placer leurs tombeaux. On avoit auffi creufé des caves, ou des habitations fouterraines,

auprès du bâtiment qui étoit au sommet
de la colline : nous y descendîmes, M. Byres & moi ; mais nous n'y trouvâmes rien
de remarquable, que des grands soupi-
raux de forme circulaire, par lesquels ces
caves tiroient leur jour du haut de la
montagne.

Je passerois les limites que je me
suis prescrites, si je donnois mes idées
relatives à la formation de plusieurs isles
& langues de terre, dont l'origine volcanique paroît être évidemment démontrée.

Je suis porté à croire, que par des
observations suivies, on trouveroit que
plusieurs sols, à une très-grande distance
des Continens, ont été formés par explosions des feux souterrains. Par-tout
où se trouve cette matiere vitrifiée appelée *lave*, là il y a eu sûrement des

Volcans : mais, par les observations que j'ai faites dans le royaume de Naples, je suis convaincu que cette espece de production volcanique est très-rare, en comparaison de plusieurs autres mélanges & combinaisons de différentes matieres produites par les feux souterrains, sans le moindre degré de vitrification ; & peut-être qu'on fera de très-grandes découvertes, en donnant une attention suffisante à cette remarque.

M. DE LA CONDAMINE dit, qu'il n'a jamais pu découvrir aucune matiere telle que la lave en Amérique, quoiqu'il ait campé pendant des mois entiers sur des Volcans du Pérou, particuliérement sur Pitchincha, Cotopaxi, & Chimboraço, sur lesquels il ne trouva que des marques de calcination sans liquéfaction. Vous verrez, Monsieur, en examinant cet Ouvrage, combien il est rare de trouver

de laves, excepté sur le mont Vésuve
& l'Etna, dans l'espace de terre que j'ai
décrit, quoique le tout soit sûrement volcanique.

La Nature, quoiqu'infiniment variée, est néanmoins uniforme dans chacune de ses opérations séparées. Ayant
donc, s'il m'est permis de m'expliquer
ainsi, anatomisé un espace de terrein si
considérable, & donné les plus exactes
représentations des parties même les
moins frappantes dont il est composé;
ayant aussi prouvé sans réplique, comme
je le crois, son origine volcanique, ce
sera avec un plaisir infini que j'apprendrai
que les idées que j'ai répandues ont été
poussées plus loin; qu'elles ont conduit
à des découvertes plus considérables sur
ce sujet; & qu'elles n'ont pas peu contribué à un meilleur développement de la
théorie de la terre.

Personne, je puis le dire hardiment, n'a poursuivi les observations sur un sujet avec plus d'assiduité & de constance que je l'ai fait pendant plus de dix années de résidence à Naples. J'ai vu & revu tous les endroits dont je parle, depuis la pointe la plus élevée de chaque montagne, jusqu'à sa base la plus accessible, soit par la Nature ou par l'Art, & je ne puis que répéter ce que j'ai déclaré dans ma Lettre précédente, que chaque élévation dans le pays que j'ai décrit comme produit volcanique, paroît visiblement à présent sous la forme d'un cône complet avec son cratere régulier, ou sous celle d'un cône tronqué, portion d'un cône parfait; tandis que les matieres dont ils sont composés sont exactement semblables à celles dont est composé le cône du Vésuve, ou à celles du Monte Nuovo, près de Puzzole. Les desseins qui accompagnent cette édition de mes Lettres,

indiqueront plus de choſes d'un ſeul
coup d'œil, que ne ſauroient le faire des
volumes entiers.

C'EST ici, Monſieur, que vous verrez
chaque cône, chaque cratere, ſoit dans
la forme naturelle, ſoit dans ſes ſec-
tions, ainſi que les bancs mêmes qui
les compoſent : vous verrez, bien plus,
les échantillons des matieres qui compoſent ces couches mêmes. J'adopte de
tout mon cœur la deviſe de notre Société:
Nullius in verba. Ceux qui en ont l'occaſion, peuvent actuellement bien examiner les endroits curieux qui leur ſont
indiqués; & ceux qui ne l'ont pas, peuvent avoir une pleine confiance aux repré-
ſentations des lieux mêmes, leſquelles
ont été exécutées avec une fidélité &
une préciſion peu communes; alors la
vérité de mes aſſertions paroîtra clairement.

J'ai accompagné chaque planche d'amples explications, & j'y ai ajouté les réflexions que les sujets qu'elles représentent m'ont fait naître ; ainsi je ne vous entretiendrai pas plus long-temps sur ce sujet. J'ai lieu de me flatter, que d'après les représentations fideles de tant de scenes charmantes, toutes produites par des explosions volcaniques, cette opération si terrible de la Nature sera dorénavant regardée plutôt comme *créatrice* que comme *destructive*.

C'est avec bien du plaisir que je saisis cette occasion de vous assurer, Monsieur, que je suis, avec l'estime la plus profonde, & les sentimens les plus distingués,

Votre très-humble &
très-obéissant serviteur,
Signé, William Hamilton.

OBSERVATIONS
SUR LE MONT VÉSUVE.

LETTRE PREMIERE

A Milord, Comte de Morton, Président de la Société Royale.

De Naples, ce 10 Juin 1776.

MILORD,

J'AI observé avec la plus grande attention les divers changemens du mont Vésuve, depuis le 17 Novembre 1764, jour de mon arrivée dans cette Capitale; ainsi, Milord, je me flatte que mes observations pourront vous être agréables, d'autant plus que ce Volcan a éprouvé depuis peu une éruption très-considérable.

Je me bornerai simplement aux faits les plus extraordinaires que j'ai observés moi-même, & je laisserai leur explication aux savans Naturalistes.

Pendant la premiere année de mon séjour à Naples, je ne me suis point apperçu d'aucun changement considérable dans la montagne; mais j'ai remarqué que la fumée du Volcan étoit beaucoup plus abondante quand il faisoit mauvais temps (a), & qu'alors j'enten-

---

(a) Ayant réfléchi depuis sur cette circonstance, je crois plutôt que le poids de l'atmosphere, quand le temps est mauvais, empêchant la dissipation libre de la fumée, & l'accumulant au dessus du cratere, la fait paroître plus considérable; au lieu que quand il fait beau, la fumée est dissipée d'abord après son émission. C'est pourtant l'opinion généralement reçue à Naples (& selon mes remarques je la crois bien fondée), que quand le Vésuve

dois plus fréquemment les explosions intérieures de la montagne (même à Naples, à six milles du Vésuve). Quand j'ai
été au sommet du mont Vésuve, le temps
étant beau, j'ai trouvé quelquefois si peu
de fumée, que j'ai pu voir assez profondément dans la bouche du Volcan, dont
les côtés étoient incrustés de sels & de
minéraux de diverses couleurs, blanches,
vertes, jaunes foncés, jaunes pâles. La
fumée qui sortoit de la bouche du Volcan
dans le mauvais temps, étoit blanche,
très-humide, & beaucoup moins nuisible
que les exhalaisons sulfureuses qui sor-

---

mugit, le mauvais temps s'approche : la mer
de la baie de Naples étant singuliérement
agitée, & se gonflant quelques heures avant
l'arrivée d'un orage, peut très-probablement
entrer par force dans des crevasses qui con-
duisent aux entrailles du Volcan, & en y
causant une nouvelle fermentation, produire
ces explosions & ces mugissemens.

toient de plufieurs fentes fur les flancs de
la montagne.

Vers le mois de Septembre dernier,
je me fuis apperçu que la fumée étoit
plus confidérable, & qu'elle continuoit
même avec le beau temps ; & au mois
d'Octobre je remarquai quelquefois une
bouffée de fumée noire qui s'élançoit à
une très - grande hauteur, paffant à
travers la fumée blanche ; fymptome
d'une éruption prochaine, qui devint
plus fréquent de jour en jour; &, bientôt
après, ces bouffées de fumée paroiffoient
la nuit avec les couleurs des nuages du
foleil couchant.

Vers le commencement de Novem-
bre je montai fur le Véfuve; il étoit alors
couvert de neige, & je m'apperçus qu'un
petit monticule de foufre s'étoit formé
depuis la derniere fois que je l'avois vu,

à

à quarante pas de la bouche du Volcan ;
il avoit près de fix pieds de hauteur : une
flamme d'un bleu clair fortoit conftamment de fon fommet. Pendant que j'exa-
minois ce phénomene, j'entendis une
explofion violente, & je vis une colonne
de fumée noire, fuivie d'une flamme rou-
geâtre, s'élancer avec violence de la
bouche du Volcan; & bientôt après une
grêle de pierres. Une de ces pierres tombant très-près de moi, m'obligea de me
retirer avec précipitation ; dès-lors j'ai été
plus circonfpect dans mes courfes au
Véfuve.

Depuis le mois de Novembre jufqu'au 28 de Mars (date du commencement de cette éruption), la fumée s'augmenta & fut chargée de cendres, qui
cauferent un grand dommage aux vignes
circonvoifines (a). Quelques jours avant

(a) Les cendres détruifent les feuilles ,

C

l'éruption, je vis ce que Pline le Jeune dit aussi avoir vu avant l'éruption du Vésuve, si fatale à son oncle. La fumée noire prit la forme d'un pin, près de deux mois avant l'éruption : cette fumée qui paroissoit noire au grand jour, ressembloit à de la flamme pendant la nuit.

Le vendredi saint, 28 de Mars, à sept heures du soir, la lave commença à déborder la bouche du Volcan; elle forma d'abord un fleuve, & puis se séparant en deux parties dans sa route vers Portici, elle fut précédée d'une grande explosion, qui causa un tremblement de

---

& sont très-nuisibles à la végétation pour une ou deux années ; mais en général elles sont certainement d'une très-grande utilité à la terre, & deviennent une des causes principales de la grande fertilité, qui est très-sensible dans le voisinage des Volcans.

terre local & sensible dans le voisinage de la montagne; en même temps une grêle de pierres & de cendres embrasées furent lancées à une hauteur considérable. Aussi-tôt que je vis la lave, je quittai Naples, en compagnie de quelques-uns de mes compatriotes, qui se trouverent aussi avides que moi de satisfaire leur curiosité, en examinant de près une opération de la Nature aussi singuliere. Nous passâmes toute la nuit sur la montagne, & je remarquai, que, quoique les pierres enflammées fussent jetées en plus grande abondance, & à une hauteur beaucoup plus considérable qu'avant la sortie de la lave, le bruit des explosions étoit moins fort qu'il ne l'étoit quelques jours avant l'éruption. La lave fit près d'un mille de chemin dans l'espace d'une heure, jusqu'à ce que les deux fleuves se réunirent dans un creux du côté de la montagne, sans passer plus avant. Je m'ap-

prochai de la bouche du Volcan autant
que la prudence me le permettoit, & je
vis que la lave y avoit l'apparence d'un
fleuve de métal rouge & fluide, tel que
nous le voyons dans les verreries : au
dessus nageoient de grosses cendres à
demi enflammées, qui, en se précipitant
les unes sur les autres le long des flancs
de la montagne, formoient une cascade
aussi superbe que singuliere. La couleur
du feu paroissoit beaucoup plus pâle,
quoique plus vive, la premiere soirée, que
les suivantes, lorsqu'elle devint enfin d'un
rouge foncé, peut-être parce que la lave
étoit dans le commencement plus chargée de matieres sulfurées. En plein
jour même, à moins qu'on ne s'approche
de bien près, la lave ne donne aucun
signe de feu ; mais seulement une fumée
épaisse & blanchâtre, qui marque sa route.

LE 29 la montagne étoit très-tran-

quille, & la lave cessa de couler. Le 30
elle recommença prenant la même direction, dans le même temps que la bouche du Volcan jetoit à chaque instant
une girandole de matieres enflammées à
une hauteur immense. Le 31 je passai
la nuit sur la montagne : la lave n'étoit
pas aussi considérable que la premiere
soirée ; mais les pierres embrasées étoient
parfaitement transparentes. Quelques-
unes, que j'ai jugées du poids d'environ
deux mille livres, furent jetées au moins
à deux cents pieds de hauteur perpendiculaire, & retomberent dans la bouche, ou très-près du cratere d'un petit
monticule qui s'étoit formé, par la quantité des cendres & des pierres, dans l'intérieur de la grande bouche du Volcan ;
ce qui en rendoit l'approche bien moins
hasardeuse qu'elle ne l'avoit été quelques
jours auparavant, lorsque la bouche avoit
près d'un demi-mille de circuit, & que

C iij

les pierres pouvoient s'élancer dans toutes les directions. M. Hervey, frere du Comte de Bristol, fut blessé dangereusement au bras quelques jours avant l'éruption, s'étant approché de trop près de la bouche du Volcan, & deux Anglois de sa compagnie furent blessés aussi, mais légérement. On ne sauroit présenter à l'imagination un tableau du beau spectacle que nous offroient ces girandoles de pierres embrasées, qui surpassoient de beaucoup le feu d'artifice le plus surprenant.

Depuis le 31 de Mars jusqu'au 9 d'Avril, la lave continua de couler du même côté de la montagne; elle forma deux, trois, & quelquefois quatre fleuves, sans descendre pourtant beaucoup plus bas que la premiere soirée. J'ai remarqué une espece d'intermittence à la fievre de la montagne (*a*), fievre qui sembloit redoubler avec violence après une soirée de repos. Le soir du 10 Avril, la lave disparut du côté de la montagne, vers Naples, ayant fait une éruption avec bien plus de violence du côté de la Torre del l'Annunziata.

(*a*) Dans les éruptions subséquentes, j'ai toujours observé le même phénomene, comme il paroît dans le détail que j'ai donné de la grande éruption de 1767. J'ai rapporté la même observation dans plusieurs relations des éruptions précédentes du Vésuve, dans la relation très-curieuse de la formation d'une montagne en 1538, près de Pouzzole (comme on peut voir dans ma Lettre au Docteur Maty du 16 Octobre 1770), où se trouve la même remarque. Ce phénomene est très-digne d'une recherche exacte : elle pourroit donner quelque lumiere sur la Théorie de la terre, science dans laquelle il me paroît que nous sommes peu avancés.

Je passai toute la journée & la nuit du
12 sur la montagne, & je côtoyai la
lave jusqu'à sa source même. Elle sortit
du flanc de la montagne, à un demi-
mille à peu près de la grande bouche du
Volcan, & descendit comme un torrent,
accompagnée d'explosions violentes, qui
jeterent les matieres enflammées à une
hauteur considérable. La terre voisine
trembloit comme la charpente d'un mou-
lin à eau. La chaleur de la lave étoit
trop forte pour me permettre d'approcher du fleuve enflammé plus de dix
pieds; & elle étoit d'une telle consistance
(quoiqu'elle parût liquide comme de
l'eau), qu'elle pouvoit presque résister à
l'impression d'un bâton qui servoit à mon
expérience. De grandes pierres jetées
avec force ne s'y enfonçoient point:
après y avoir fait une légere impression,
elles nageoient sur la surface, & dispa-
roissoient bientôt à ma vue; car, malgré

sa tenacité, la lave couloit avec une ra-
pidité étonnante, & je suis persuadé que
la vîtesse de ce courant égaloit, en par-
courant le premier mille, celle de la
riviere de Severne, près de Bristol. Le
fleuve, à sa source, avoit à peu près dix
pieds de largeur; mais bientôt cette largeur augmenta, & le courant se divisa
en trois branches; de sorte que ces rivieres
de feu communiquant leur chaleur aux
cendres des laves précédentes, entre une
branche & l'autre, produisoient toutes
ensemble pendant la nuit l'image d'une
surface enflammée de quatre milles de
longueur, & près de deux milles de largeur en quelques endroits. Vous vous
figurerez, Milord, le magnifique aspect
de cette scene singuliere : on ne sauroit
en donner une description.

La lave, après avoir coulé sans mélange environ cent pas, commença à

ramasser des cendres, des pierres, &c. :
une croûte qui se forma sur sa surface,
ressembloit pendant le jour à la Tamise,
telle que je l'ai vue après une forte gelée,
accompagnée de beaucoup de neiges
quand le dégel a commencé, & que le
fleuve emporte des monceaux de neiges
& de glaçons. En deux endroits la lave
liquide disparut totalement ; elle coula
quelques pas dans un canal souterrain,
ensuite elle ressortit toute pure, s'y étant
dépouillée de ses scories : c'est ainsi
qu'elle avançoit vers les parties cultivées
de la montagne, & je la vis la même
soirée du 12 détruire impitoyablement
les vignes d'un pauvre paysan, après
avoir entouré sa cabane. La lave, à
l'endroit le plus éloigné de sa source,
ne paroissoit pas liquide : elle ressembloit
à un amas de charbons ardens, qui formoient un mur de dix à douze pieds de
hauteur en certains endroits, lequel, en

roulant de la partie supérieure, formoit successivement un autre mur ; c'est ainsi que la lave avançoit, mais si lentement, qu'elle parcouroit environ trente pieds dans l'espace d'une heure (a).

(a) Je suis persuadé qu'il seroit très-possible de détourner la lave de son cours quand elle est dans cet état, en lui préparant un nouveau lit, comme cela se pratique aux rivieres. Je parlois un jour de ce projet à Catane en Sicile, quand on m'assura qu'on l'avoit déjà mis en œuvre avec succès pendant la grande éruption de l'Etna en 1669, lorsque la lave, dirigeant sa course vers les murs de cette ville, s'avançoit peu à peu comme celle dont je viens de parler : on lui prépara un lit autour des murailles de la ville, & on la détourna vers la mer. Des gens couverts de peaux de moutons mouillées, & qui se succédoient, furent employés à percer les flancs tenaces de la lave, jusqu'à ce qu'ils eussent pratiqué un passage suffisant pour que celle du milieu (qui étoit dans un état de fu-

Lᴀ bouche du Volcan n'a pas jeté de grosses pierres depuis la seconde érup-

---

sion parfaite) pût se dégorger dans le canal qui lui étoit préparé. J'ai trouvé depuis un Livre qui rapporte de même cette opération curieuse ; il a pour titre : *Relazione del nuovo incendio fatto da Mongibello 1669. Messina Giuseppe Bisagni 1670.*

Le Palais de Sa Majesté Sicilienne à Portici , & le recueil précieux des antiquités qui ont été retirées de dessous les laves destructives du Vésuve , sont en danger imminent d'être englouties de nouveau par la première lave qui dirigera sa course de ce côté-là ; au lieu qu'en prenant le niveau , & coupant le terrein , ou l'élevant selon l'occurrence , le Palais & le Museum pourroient être probablement en sûreté , du moins contre une éruption. J'ai pris une fois la liberté de communiquer cette idée à Sa Majesté le Roi de Naples , qui m'a paru l'approuver.

Dans les Dissertations du Docteur Connov, imprimées à Oxford en 1695, il y a eu une

tion de lave du 10 Avril, mais elle a jeté une quantité de petites cendres & de pierres ponces qui ont beaucoup endommagé les vignes voisines. J'ai été à la montagne plusieurs fois depuis le 12; & comme l'éruption étoit alors dans sa plus grande force, j'ai hasardé d'insister sur ce point, quoique je craigne, Milord, de vous avoir fatigué par mes observations de cette journée. Pendant ma derniere course au mont Vésuve, le

---

Relation exacte d'une éruption du mont Vésuve dans le mois d'Avril 1694, & le passage suivant de cette Relation fait voir la possibilité de détourner le cours du courant de la lave.

Hic mineralis torrens in tantâ copiâ defluxit, quòd Prorex hujus regni, conductis duobus hominum millibus, amplissimam fossam excavari curaverit, quæ liquatam materiam in suo alveo totam recepit & divertit.

3 de Juin, j'ai trouvé que la lave couloit encore, mais que ses fleuves
étoient devenus de simples ruisseaux,
& avoient perdu beaucoup de leur ra-
pidité. La quantité de matiere jetée par
cette éruption, est plus considérable que
celle de l'année 1760; mais les terres
cultivées n'ont pas tant souffert, la lave
s'étant étendue davantage, & sa source
étant au moins plus élevée de trois milles.
Cette éruption paroît actuellement épuisée, & je m'attends à revoir le Vésuve
entiérement tranquille en peu de jours.

Le mont Etna en Sicile a fait une
éruption le 27 Avril, & il en est sorti
une lave en deux branches, de six milles
de longueur au moins, & d'environ un
mille de largeur. Selon les détails que
m'en a donnés M. Wilbraham (qui y étoit,
après avoir été aussi témoin avec moi
d'une partie de l'éruption du Vésuve

dont je viens de parler), les particula-
rités de ces deux éruptions se ressemblent,
excepté que le mont Etna jetoit une
fontaine de matieres liquides & enflammées à une hauteur considérable de l'endroit où la lave est sortie, c'est-à-dire,
à douze milles de la bouche du Volcan,
phénomene qu'on m'assure être arrivé au
Vésuve dans quelques-unes de ses premieres éruptions.

Je vous demande pardon, Milord,
de vous avoir entretenu si long-temps;
cependant je me flatte que ma description (qui, je puis vous l'assurer, n'est
point exagérée) vous aura procuré quelque amusement.

J'ai l'honneur d'être,

MILORD,

Votre très-humble &
très-obéissant serviteur,
WILLIAM HAMILTON.

De Naples, le 3 Février 1767.

DEPUIS la Relation de l'éruption du mont Vésuve, que j'ai eu l'honneur, Milord, de vous décrire dans ma Lettre du 10 Juin de l'année passée, je n'ai plus qu'à vous informer que la lave a continué jusque vers la fin de Novembre sans faire beaucoup de ravage, ayant coulé principalement sur d'anciennes laves. Depuis que cette éruption a cessé, j'ai examiné le cratere & la crevasse du côté de la montagne, vers *Torre del Annunziata*, d'où la lave est sortie, & qui est à cent pas du cratere même ; j'y ai trouvé des sels & des soufres très-curieux : j'ai mis dans des bouteilles des échantillons de chaque espece sur la montagne même, afin qu'ils ne perdissent rien de leur force : je les envoie, Milord, dans une caisse à votre adresse,

adreſſe, & je ſuis perſuadé que vous aurez
du plaiſir à les voir analyſés (*a*). J'ai mis
auſſi dans la même caiſſe des morceaux
de laves & des cendres de la derniere
éruption. Il y a une piece très-curieuſe
qui repréſente exactement un cable pétrifié ; je ſerai charmé, Milord, que ces
bagatelles puiſſent vous amuſer un inſtant.

Il eſt aſſez ſingulier que je ne puiſſe
découvrir qu'aucun Chimiſte de ce pays
ſe ſoit donné la peine de faire l'analyſe
des productions du Véſuve (*b*).

J'ai tiré les ſels d'un jaune foncé ou
couleur d'orange, d'une crevaſſe très-

(*a*) Feu Milord Morton donna ces échantillons au Docteur Morris, qui en a fait
l'analyſe, & qui doit préſenter le réſultat
de ſes Remarques Chimiques à la Société
Royale de Londres.

(*b*) Voyez la Note VI.

D

chaude dans le cratere même de la montagne. Ils me paroiffent très - puiffans, car ils noirciffent l'argent dans un inftant; mais ils ne produifent aucun effet fur l'or. Si vous me le permettez, Milord, j'aurai l'honneur de vous envoyer par une autre occafion les fels & les foufres de la Solfaterra, qui me paroiffent d'une efpece bien différente.

Depuis trois jours le feu a commencé à paroître fur le fommet de la montagne du Véfuve : des tremblemens de terre fe font fait fentir au voifinage de la montagne ; j'y ai été famedi paffé avec mon neveu Milord Greville ; nous entendîmes des mugiffemens intérieurs qui étoient affreux, des fifflemens, & le bruit des pierres qui s'entrechoquoient. Nous fûmes obligés de quitter bientôt le cratere, à caufe des pierres qu'il lançoit. La fumée noire s'élevoit comme avant la derniere éruption, & j'ai vu tous les symptomes d'une éruption nouvelle, dont je ne manquerai pas, Milord, de vous donner une relation exacte.

LETTRE II.

Au même.

A Naples, le 29 Décembre 1767.

MILORD,

L'ACCUEIL favorable que vous avez fait à ma Relation de l'éruption du Vésuve de l'année derniere, l'approbation dont la Société Royale a bien voulu l'honorer, en ordonnant qu'elle fût insérée dans ses Transactions Philosophiques, & vos exhortations que j'ai reçues dans votre Lettre du 3 de ce mois, m'encouragent, Milord, à occuper encore quelques-uns de vos instans d'une simple narration de mes observations pendant la derniere & violente éruption du Vésuve, qui commença le 19 Octobre 1767, & que l'on compte la vingt-septieme depuis celle qui, du temps de Titus, détruisit Herculaneum & Pompeii.

L'ÉRUPTION de 1766 ne cessa totalement que le 10 Décembre, après avoir duré neuf mois (*a*). Cependant, dans

----

(*a*) Par tout ce que j'ai vu & lu relativement aux éruptions du Vésuve & de l'Etna, je suis persuadé que les Volcans restent tranquilles plusieurs années, même pendant des siecles entiers ; ce sera là le cas du Vésuve avant son éruption sous le regne de Titus, & très-certainement avant celle de l'année 1631. Quand je suis arrivé à Naples en 1764, le Vésuve étoit tranquille ; rarement la fumée se montroit sur son sommet. L'année 1766 il paroissoit s'être enflammé, & n'a jamais été trois mois depuis sans jeter des pierres embrasées, ou sans vomir des fleuves de lave, & son cratere n'a jamais été, depuis cette époque, totalement débarrassé de fumée. A Naples l'on appelle une éruption quand la lave se montre, & jamais avant. Quant

tout cet espace de temps, la montagne n'avoit point encore jeté le tiers
de la quantité de lave qu'elle a vomie en
sept jours seulement qu'a duré la derniere
éruption. Le quinze Décembre de l'année passée, au dedans de l'ancien cratere du mont Vésuve, & à vingt pieds
ou environ de profondeur, il y avoit
une croûte qui formoit une plaine : elle
ressembloit à la Solfaterra en miniature ;
au milieu de cette plaine il y avoit un
monticule, dont le sommet ne s'élevoit
pas si haut que les bords de l'ancien
cratere. Je descendis dans cette plaine,
& je grimpai sur le monticule, qui étoit
perforé & servoit de cheminée principale

à moi, je regarde les cinq prétendues éruptions dont j'ai été témoin, depuis le mois
de Mars 1766 jusqu'au mois de Mai 1771,
comme la continuation d'une seule & même
éruption.

au Volcan. Lorſque j'y jetois de groſſes pierres, j'entendois qu'elles rencontroient pluſieurs obſtacles dans leurs deſcentes, & je pouvois aiſément compter cent ricochets avant qu'elles arrivaſſent au fond.

LE Véſuve fut tranquille juſqu'au mois d'Avril, que les pierres augmenterent, & la nuit le feu étoit viſible du ſommet de la montagne, ou, pour parler plus correctement, la fumée ſuſpendue ſur le cratere étoit teinte par la réverbération du feu de l'intérieur du Volcan. Les éruptions continuelles de cendres, de pouſſiere & de pierres ponces, augmenterent ſi fort le petit monticule, qu'au mois de Mai ſa pointe paroiſſoit hors du bord de l'ancien cratere. Le 7 d'Août, un petit fleuve de lave ſortit d'une crevaſſe qui s'étoit faite ſur le flanc du monticule, & peu à peu le vallon, entre le monticule & l'ancien cratere, s'en trouva rempli, en sorte que le 12 Septembre la lave déborda l'ancien cratere, & descendit le long des flancs de la grande montagne ; alors les émissions furent beaucoup plus fréquentes, & les pierres embrasées s'élevoient jusqu'à une telle hauteur, que leurs descentes duroient l'espace de dix secondes : le Pere de la Torre, grand Observateur du mont Vésuve, dit que les pierres s'élevoient à plus de mille pieds de hauteur (a).

Le 15 d'Octobre, Don Andrea Pigonati, Ingénieur très-habile au service de Sa Majesté Sicilienne, ayant pris la mesure du monticule formé dans l'espace d'environ huit mois, le trouva de la hauteur de 185 pieds de France. De ma maison de campagne, située entre

____

(a) Voyez la Note VII.

Herculane & Pompeï, près du Couvent
des Camaldules, j'ai fait des observations sur l'agrandissement de ce monticule;
& comme j'en prenois des dessins de
temps en temps, j'ai pu observer les plus
petits accroissemens avec la plus grande
exactitude. Je ne doute nullement que
le mont Vésuve même n'ait été entiérement formé de la même maniere; &
comme il me paroît que ces observations
peuvent rendre compte des différentes
couches irrégulieres qui se trouvent dans
le voisinage des Volcans, j'ai cru, Milord, que je pouvois mettre sous vos yeux
une copie des dessins dont je viens de
parler.

La lave continua de couler sur l'ancien cratere, & en petits ruisseaux, tantôt
d'un côté, tantôt d'un autre, jusqu'au 18
d'Octobre, jour auquel je remarquai qu'on
n'en voyoit plus le moindre signe; son

action se bornant alors, ce me semble, à se frayer un chemin jusqu'à l'endroit d'où elle sortit le lendemain. J'avois prédit une éruption prochaine (malgré l'opinion contraire de presque tous les habitans de ce pays), & j'avois remarqué une grande fermentation dans la montagne après les grosses pluies des 13 & 14 Octobre (a); ainsi je ne fus point

---

(a) Il est très-certain qu'en donnant une attention continuelle à la fumée qui sort du cratere, on peut juger très-bien du degré de fermentation de l'intérieur du Volcan. Avec cette remarque seule j'ai prédit les deux dernieres éruptions; &, par une autre remarque très-simple, j'ai indiqué, quelque temps auparavant, l'endroit même d'où devoit sortir la lave. Quand le cône du Vésuve étoit couvert de neige, j'avois remarqué un endroit où elle disparoissoit bientôt; j'en conclus naturellement que cet endroit devoit être le plus foible, & que la chaleur y faisoit fondre

étonné d'appercevoir de ma maison de campagne, le 19, tous les symptomes de l'éruption qui étoit sur le point de se manifester. Du sommet du monticule sortoit une fumée noire & si épaisse, qu'elle paroissoit ne sortir qu'avec difficulté ; on voyoit les nuages s'élever les uns sur les autres ; leur circonvolution offroit des mouvemens rapides en spirale : à chaque moment de grosses pierres étoient lancées à une hauteur très-considérable au milieu de ces nuages ; peu à peu la fumée prit la forme conique d'un grand pin, telle que l'a décrite Pline le Jeune dans sa Lettre à Tacite, où il donne la relation de l'éruption qui fut si fatale à son oncle (a). Cette colonne de fumée

la neige : il étoit naturel d'imaginer que la lave, cherchant un passage, perceroit plutôt cet endroit-là que tout autre, comme cela est arrivé (Voyez la Note VIII).

(a) En voici les paroles : *Nubes (incer-*

noire, après s'être élevée à une hauteur extraordinaire, suivit la direction du vent, & fut portée jusqu'à Caprée, qui est distante d'environ 28 milles du Vésuve.

J'AVERTIS toutes les personnes qui étoient chez moi, de n'être point alarmées, quoique j'attendisse un tremblement de terre au moment de l'éruption de la lave; mais avant huit heures du

---

tum procul intuentibus ex quo monte Vesuvium fuisse posteà cognitum est) oriebatur, cujus similitudinem & formam non alia magis arbor, quàm Pinus expressit. Nam longissimo veluti trunco elata in altum, quibusdam ramis diffundebatur, credo quia recenti spiritu erecta, dein senescente eo destituta, aut etiam pondere suo victa in latitudinem evanescebat : candida interdum, interdum sordida, & maculosa, prout terram cineremve sustulerat. Plin. lib. VI, Ep. 16.

matin, je m'apperçus que la lave s'étoit ouvert une bouche sans aucun bruit, à environ cent pas au dessous de l'ancien cratere, du côté de la montagne de Somma, & j'avois prévu clairement ce phénomene par une fumée blanche qui accompagne toujours la lave : aussi-tôt que la lave fut en liberté, la fumée ne sortit plus avec tant de violence du sommet de la montagne. Comme je m'imaginois qu'il n'y auroit point de risque à approcher de la montagne depuis l'émission de la lave, j'allai sur le champ pour l'examiner, accompagné d'un seul paysan. Je passai l'Hermitage, & j'allai fort avant dans ce vallon, qui est entre les montagnes de Somma & du mont Vésuve, & qu'on appelle l'*Atrio di Cavallo*. Je faisois mes remarques sur la lave, qui, de l'endroit où elle s'étoit fait une ouverture, étoit déjà parvenue jusqu'au vallon, lorsque tout à coup, vers midi, j'entendis

un bruit violent dans l'intérieur de la
montagne, & à un quart de mille de
l'endroit où nous étions, la montagne
s'ouvrit avec beaucoup de bruit, & de
sa nouvelle bouche sortit une fontaine de
feu liquide, qui s'éleva à plusieurs pieds
de hauteur, & roula ensuite directement
vers nous comme un torrent : la terre
trembloit, & en même temps nous fûmes couverts d'une grêle de pierres ponces. Dans un instant, des nuages de
fumée noire & de cendres causerent une
obscurité presque totale ; les explosions
du haut de la montagne étoient beaucoup plus fortes que le tonnerre le plus
violent que j'aye jamais entendu, &
l'odeur du soufre étoit très-forte. Mon
guide alarmé prit le parti de s'enfuir ; pour
moi, je l'avoue, je n'étois pas fort à
mon aise. Je le suivis de près, & nous
courûmes environ trois milles sans nous
arrêter, parce que, comme la terre trem-

bloit sous nos pieds, je craignois que l'ouverture d'une bouche nouvelle ne mît un obstacle invincible à notre retraite; je craignois aussi que les explosions violentes ne détachassent quelques rochers de la montagne de Somma, sous laquelle il falloit absolument passer; outre cela, les pierres ponces qui tomboient sur nous comme la grêle, étoient assez grosses pour nous causer des sensations très-désagréables. Après avoir respiré un peu, & le tremblement de terre continuant toujours, je jugeai qu'il étoit prudent de quitter la montagne, & de me retirer chez moi, où je trouvai tout le monde fort alarmé à cause des explosions violentes du Volcan, qui faisoient trembler la maison jusqu'à ses fondemens, & en ébranloient les portes & les fenêtres. Vers deux heures après midi, une autre lave s'ouvrit un passage dans le même endroit par où étoit sortie la lave

de l'année paſſée, de ſorte que l'embra-
ſement fut bientôt auſſi conſidérable dans
cette partie de la montagne, qu'il l'étoit
dans celle que je venois de quitter.

LE bruit & l'odeur du ſoufre augmentant toujours, nous quittâmes notre maiſon de campagne pour nous rendre à
Naples : je jugeai à propos, en paſſant
par Portici, d'informer la Cour de ce que
je venois de voir, & je conſeillai à Sa
Majeſté Sicilienne de quitter le voiſinage
de cette montagne menaçante. Cependant la Cour ne ſortit de Portici que
vers minuit, lorſque la lave en étoit déjà
fort près. Pendant que j'allois à Naples,
c'eſt-à-dire un peu moins de deux heures
après mon départ de la montagne, je
remarquai que la lave avoit déjà couvert
trois milles du même chemin par lequel
nous nous étions retirés. Il eſt étonnant
qu'elle ait pu couler ſi vite, car j'ai vu
depuis

que la riviere de lave de l'*Atrio di Ca-*
vallo étoit de soixante à soixante & dix
pieds de profondeur, &, dans quelques
parties, d'une largeur d'environ deux
milles. Quand le Roi quitta Portici, le
bruit étoit déjà augmenté considérablement, & la percussion de l'air par les
explosions étoit tellement violente, que
non seulement des portes & des fenêters
dans le Palais du Roi en furent totalement enfoncées, mais même encore une
porte que l'on avoit bien fermée à clef.
La même nuit, plusieurs portes & fenêtres à Naples s'ouvrirent aussi d'elles-
mêmes ; & quoique ma maison ne soit
point située du côté de la ville vers le
Vésuve, je fis l'expérience d'ôter le ver-
rou de mes fenêtres (*a*), qui s'ouvrirent
entiérement à chaque explosion de la

(*a*) Les fenêtres à Naples s'ouvrent comme
des portes à doubles battans.

E

montagne. Outre ces explosions très-
fréquentes, on entendoit un bruit sourd
souterrain & violent, qui dura cette nuit
à peu près cinq heures. J'ai imaginé que
ce bruit singulier pouvoit avoir été causé
par la lave, qui avoit rencontré quelque
dépôt d'eau de pluie dans les entrailles
de la montagne, & que le combat entre
le feu & l'eau pourroit en quelque façon
rendre compte de ces sifflemens & de
ces bruits extraordinaires. Le Pere de la
Torre, qui a tant & si bien écrit sur le
mont Vésuve, pense comme moi; & il
est en effet très-naturel d'imaginer que
les eaux des pluies se soient logées
dans plusieurs des cavernes de la montagne, comme dans la grande éruption du Vésuve de l'année 1630. Il est
bien attesté que plusieurs villes, entr'autres Portici & Torre del Greco, furent
détruites par un torrent d'eau bouillante
qui sortit de la montagne avec la lave,

& fit périr quelques milliers de perſonnes. Il y a environ quatre ans que le mont Etna en Sicile jeta auſſi de l'eau chaude pendant une éruption (a).

On ne ſauroit donner une idée de la confuſion de cette nuit à Naples; la retraite précipitée du Roi augmenta l'alarme; toutes les Egliſes furent ouvertes & remplies de monde; on ne voyoit que des proceſſions dans les rues : mais paſſons ſur la deſcription des cérémonies différentes qui ſe firent dans cette Capitale pour appaiſer la fureur de la montagne.

Le mardi 20, il fut impoſſible de juger de l'état du Véſuve, à cauſe des cendres & de la fumée qui le couvroient entiérement, & qui s'étendirent ſur Naples

____

(a) Voyez la Note IX.

même ; le soleil avoit alors la même apparence que lorsqu'on le voit à travers
un brouillard épais à Londres , ou à
travers un morceau de verre noirci de
fumée. Les cendres tomberent à Naples
toute la journée. Les laves des deux
côtés de la montagne coulerent avec
force ; mais jusque vers les neuf heures du soir il y eut peu de bruit ;
alors le même mugissement extraordinaire recommença , accompagné d'explosions comme auparavant , & ce bruit
dura près de quatre heures : il sembloit
que la montagne alloit être mise en
pieces ; & en effet elle s'ouvrit presque
du haut en bas. Les dessins que j'ai l'honneur de vous envoyer ont été pris dans
ce moment sur le lieu même , quand la
lave étoit dans sa plus grande force , &
je les crois exacts. Hier le barometre de
Paris étoit à 179 , & le thermometre de
Farrenheit à 70 degrés , au lieu que quel-

ques jours avant l'éruption il avoit été à
65 & 66.

Pendant la confusion de cette nuit,
les prisonniers ayant blessé leur Geolier,
tâcherent de s'évader ; mais l'arrivée des
troupes les en empêcha. La populace de
son côté mit le feu à la porte du Cardinal Archevêque, parce qu'il refusoit
de laisser sortir les reliques de S. Janvier.

Le mercredi 21 fut plus tranquille
que les journées précédentes, mais les
laves couloient avec vivacité. Portici eut
alors un instant de crise, car la lave n'en
étoit éloignée que d'un mille & demi ;
heureusement elle changea de direction,
& vers la nuit elle se ralentit.

Le jeudi 22, vers les dix heures du
matin, le même bruit horrible recommença, mais avec beaucoup plus de

E iij

violence que les journées précédentes : les gens les plus âgés ont dit qu'ils n'a-voient jamais entendu de bruit pareil ; & il étoit réellement effrayant. Nous attendions à chaque moment quelque accident sinistre. Les cendres pleuvoient à Naples en si grande abondance, que les gens à pied dans les rues furent obligés de se servir de parapluie ou de leur chapeau, car ces cendres incommodoient les yeux. Les toits des maisons & les balcons furent couverts de ces cendres de l'épaisseur d'une ligne (a). Des vaisseaux en mer,

---

(a) Dans plusieurs Relations des éruptions antérieures du mont Vesuve, j'ai trouvé que les cendres ont été portées à une distance beaucoup plus considérable ; qu'en l'année 472 & 473 elles arriverent même jusqu'à Constantinople. Dion assure que pendant l'éruption du Vésuve, sous le regne de Titus, *tantus fuit pulvis, ut ab eo loco in Africam & Syriam & Ægyptum penetraverit.* Un

à vingt lieues de Naples, en furent aussi couverts, au grand étonnement des Ma-

---

Livre publié à Lecce dans le royaume de Naples en 1632, & intitulé *Difcorfo fopra l'origine de' fuochi gettati dal monte Ve-fuvio di Gio : Francefco Sorrata Spinola Galateo*, dit que le 16 Décembre 1631, le jour même de la grande éruption du Vé-fuve (quoique le temps fût parfaitement calme), les cendres defcendoient comme une pluie à Lecce, qui eft à la diftance de neuf journées de la montagne ; que le ciel étoit obfcurci, & que la terre en fut cou-verte de l'épaiffeur de trois lignes ; que des cendres d'une autre qualité tomberent à Bari le même jour, & que dans ces deux endroits les habitans furent très-alarmés, ne fachant à quoi attribuer la caufe d'un tel phénomene. Antoine Bulifon, dans fa Relation de la même éruption, dit que les cendres tom-berent à Ariano dans la Pouille, & que la terre en fut couverte de l'épaiffeur de plu-fieurs lignes. Quelques gens dignes de foi

telots. Au milieu de ces circonftances alarmantes, une populace tumultueufe &

---

m'ont affuré auffi qu'ils ont été témoins de la chute des cendres pendant une éruption , à une diftance de plus de deux cents milles du Véfuve. L'Abbé Giulio Cefare Bracini , dans fa Relation de l'éruption du Véfuve en 1631 , dit que la hauteur de la colonne de fumée & de cendres , prife de Naples par le quart de cercle , étoit au delà de trente milles. Quoique des calculs fi incertains méritent peu d'attention , je fuis néanmoins convaincu , par ce que j'ai remarqué moi-même , que dans de grandes éruptions les cendres s'élevent à une hauteur telle, qu'elles peuvent rencontrer des courans d'air extraordinaires qui expliquent affez bien les longs trajets qu'elles ont faits en fi peu d'heures. Dans un Livre qui a pour titre , *Salvatoris Veronis Vefuviani incendii Libri tres. Neapoli,* 1534 , j'ai trouvé une defcription très-poétique des cendres qui couvrirent la terre au voifinage du Véfuve , depuis 20 jufqu'à 100

impatiente obligea le Cardinal d'expofer
le chef de S. Janvier, & de le conduire
en proceffion au pont de la Magdeleine,
qui eft à l'extrémité de Naples vers le
Véfuve; & il eft bien atrefté ici que l'é-
ruption s'arrêta au même inftant que le
Saint arriva à la vue de la montagne; &
ce qui eft très-certain, c'eft que le bruit
ceffa vers ce temps-là, après avoir duré
cinq heures comme les jours précédens.

Le vendredi 23, les laves continue-
rent de couler, & la montagne jeta toujours quantité de pierres de fon cratere;
mais on n'entendit point de bruit ce jour-
là à Naples, & il y tomba très-peu de
cendres.

---

palmes de profondeur: *Quare*, dit l'Auteur,
multi patrio in folo requirunt **Patriam**, *&*
vix ibi fe credant vivere ubi certo fciant fefe
natos, adeo totam loci fpeciem tempeftas vertit.

LE samedi 24, la lave cessa de couler: son étendue depuis l'endroit d'où je l'ai vue sortir, jusqu'à son extrémité où elle enveloppa la chapelle de S. Vito, est à peu près de six milles. Dans l'*Atrio di Cavallo*, & dans la vallée profonde qui est entre le Vésuve & l'hermitage, la lave a dans quelques endroits près de deux milles de largeur, & presque par-tout son épaisseur est de soixante à soixantedix pieds. La lave tomba dans un chemin creux, appelé *Fossa grande*, qui a été formé par des torrens d'eaux de pluie; & quoiqu'il n'ait pas moins de 200 pieds de profondeur & 100 de largeur, la lave l'a cependant comblé dans un endroit: je n'aurois jamais cru qu'une si grande quantité de matieres ait pu se répandre en si peu de temps, si je n'avois moiméme examiné le cours entier de la lave. Cette grande masse si compacte conservera sûrement de la chaleur plusieurs mois encore (*a*). Comme il a beaucoup plu ces jours, la lave fume actuellement, comme si elle étoit en fusion ; & lorsque nous montâmes sur le Vésuve, Milord Stormond & moi, il y a dix jours, les bâtons que nous enfonçâmes dans la lave prirent feu sur le champ : mais continuons notre Journal (*b*).

LE 24 le, Vésuve jeta des pierres comme il avoit fait les jours précédens ; circonstance qui produit une différence entre cette éruption & celle de 1766,

---

(*a*) Cette conjecture s'est réalisée ; car même encore au mois d'Avril 1771 j'ai enfoncé des bâtons dans les crevasses de cette lave, & le feu y prit d'abord. Sur le mont Etna, en 1769, j'ai remarqué que la lave qui avoit coulé en 1766 fumoit encore en plusieurs endroits.

(*b*) Voyez la Note X.

où il n'y eut point de pierres lancées hors du cratere dès le moment que la lave coula.

LE dimanche 25, des cendres fines tomberent à Naples toute la journée; elles sortoient du cratere du Volcan, & formoient une vaste colonne aussi noire que la montagne même, & dont l'ombre étoit tracée sur la surface de la mer. Des éclairs fourchus & en zigzag s'échappoient à tous momens de cette colonne obscure, & étoient accompagnés d'un tonnerre qui s'étendoit dans le voisinage de la montagne, mais non pas à Naples. Dans ce moment-là il n'y avoit d'autres nuages que ceux de la fumée qui sortoit du cratere du Vésuve; & ce phénomene, que je n'avois pas encore vu aussi parfaitement, me fit beaucoup de plaisir *(a)*.

____

(*a*) Voyez la Note XI.

Dans toutes les Relations des grandes

Le lundi 26, la fumée continua ; elle fut moins épaisse, & ne fut point accom-

---

éruptions de l'Etna & du Vésuve, il est parlé de cette espece d'éclair fulminant. Pline le Jeune, dans sa seconde Lettre à Tacite sur l'éruption du Vésuve sous Titus, dit qu'un nuage noir & horrible les couvrit à Misene (qui est à plus de quinze milles du Volcan), & qu'il en sortoit du feu serpentant comme des éclairs , mais avec plus de force ; voici ses propres paroles : *Ab altero latere nubes atra & horrenda ignei spiritus , tortis , vibratisque , discursibus rupta in longas flammarum figuras dehiscebat , fulgoribus illæ & similes & majores erant.* C'étoit évidemment le même feu électrique , dont je suis persuadé que la fumée de tous les Volcans est imprégnée. Dans plusieurs Relations de la grande éruption en 1631 , il est parlé des ravages faits par les éclairs qui sortirent de la colonne de fumée ; Bulifon en particulier dit , qu'au voisinage des Volcans , des personnes furent

pagnée d'éclairs volcaniques. Comme la lave ne parut point à la suite de cette colonne de fumée noire, qui doit avoir été produite par quelque opération du feu intérieur, je suis porté à croire que la lave, qui auroit dû naturellement la suivre, se sera frayé un chemin vers quelque caverne plus profonde, où elle pré-

---

tuées de la même façon qu'elles auroient pu l'être par la foudre, sans que leurs habits en fussent brûlés. Pline fait mention d'un exemple pareil, qui prouve que les Anciens avoient remarqué ce phénomene ; car il dit qu'à Pompeii, dans un beau jour, voici ses paroles : *In Catilianis prodigiis Pompeiano ex municipio Marcus Herennius decurio, sereno die, fulmine ictus est Plin. Hist. Nat. lib. II, cap.* 51. Le savant & ingénieux Pere Baccaria m'a assuré à Turin, que mes observations sur cette espece d'éclair lui avoient fait beaucoup de plaisir, parce qu'elles se rapportent parfaitement avec plusieurs de ses expériences électriques.

pare en silence les malheurs à venir, &
je ferai bien trompé fi elle ne paroît pas
d'ici à quelques mois.

LE mardi 27 il n'y eut point de fumée
noire, ni aucun figne d'éruption.

VOILA, Milord, une Relation fidelle
de mes Obfervations pendant cette éruption, qui paffe généralement pour avoir
été la plus violente de ce fiecle. Je m'ef-
timerai heureux fi elle peut mériter votre
approbation & celle de la Société Royale, fuppofé que vous la croyiez digne
d'être communiquée à un Corps auffi
refpectable.

JE viens de faire préfent au Mufeum
Britannique, d'une collection complette
de toutes les efpeces de matieres produites par le mont Véfuve ; je n'ai épar-
gné, depuis trois ans, ni foins ni fatigues
pour me la procurer ; & je ferai ample-

ment récompensé, si j'apprends, que par le moyen de cette collection, quelques-uns de mes compatriotes, savans en Histoire Naturelle, ont fait quelques découvertes utiles relativement aux Volcans.

J'AI aussi accompagné cette collection d'un tableau représentant un courant de lave du mont Vésuve; il est peint en couleurs transparentes; & quand il est éclairé par-derriere avec un flambeau, il peut donner une idée plus juste du Vésuve que toute autre espece de peinture.

J'AI l'honneur d'être,

MILORD,

Votre très-humble &
très-obéissant serviteur,
WILLIAM HAMILTON.

LETTRE

LETTRE III.

A M. Maty M. D. Secrétaire de la Société Royale.

Villa Angelica, près du mont Vésuve,
le 4 Octobre 1768.

MONSIEUR,

CE n'est que depuis peu que j'ai reçu votre derniere Lettre si obligeante, datée du 5 de Juillet, avec le Volume des Transactions Philosophiques.

JE vous prie de vouloir bien témoigner à la Société la satisfaction que j'ai eue de l'accueil favorable dont elle a bien voulu honorer mes Relations des deux dernieres éruptions du mont Vésuve. Depuis que je suis à ma maison de campagne, j'ai interrogé les habitans de la montagne

F

sur ce qu'ils avoient vu pendant la derniere éruption; car, dans ma Lettre à
Milord Morton, je n'ai fait mention que
de ce qui s'est présenté immédiatement
à mes observations; mais comme tous
les paysans des environs sont d'accord
dans leurs relations sur les éclairs & sur
les tonnerres épouvantables, qui durerent
presque tout le temps de l'éruption, &
se manifesterent seulement sur la montagne, il me semble que c'est une circonstance qui mérite l'attention. Outre les
éclairs, qui ressembloient aux éclairs ordinaires, on observa plusieurs météores
analogues à ceux qu'on appelle vulgairement *étoiles tombantes*. Un paysan de
mon voisinage perdit six cochons, parce
que les cendres du Vésuve s'étoient mêlées avec leur nourriture; ils eurent des
étourdissemens, & moururent en peu
d'heures. Les cendres qui tomberent en
abondance la derniere journée de l'é-

ruption, étoient presque aussi blanches que la neige (a). Les vieillards m'ont

---

(a) Dans quelques Relations d'une éruption du Vésuve l'année 1660, on fait mention de certaines cendres qui tomberent en forme de croix, & furent regardées comme très-miraculeuses; mais dans un Livre sur ce sujet, intitulé *Athanasii Kircheri Soc. Jes. de prodigiosis crucibus, &c. Romæ*, 1561, il y a une explication très-philosophique de ce phénomene : il dit que l'année 1660, depuis le 16 d'Août jusqu'au 15 d'Octobre, le Vésuve jeta des cendres imprégnées d'un soufre nitreux, bitumineux & salin, lesquelles, en tombant sur les vêtemens de toile, prirent la forme de croix, probablement à cause de l'intersection des fils du linge, & que par cette raison les sels ne prirent point cette forme quand ils tomberent sur des vêtemens de laine : on pourra trouver une description très-exacte de ces croix à la trente-huitieme page du Livre dont je viens de parler.

F ij

affuré que c'eft un figne certain de la fin d'une éruption; & ces circonftances ayant été bien atteftées, je les ai cru dignes d'être rapportées.

Il feroit impoffible de donner une Relation exacte, & vraiment philofophique, des Volcans du voifinage de Naples, fans en avoir fait une étude particuliere & fuivie pendant plufieurs années; mais je fuis perfuadé qu'on pourroit en donner une Hiftoire bien démontrée, qui détruiroit tous les fyftêmes qu'on a publiés jufqu'à préfent fur ce fujet. J'ai féjourné l'été dernier dans l'île d'Ifchia, dont le circuit eft d'environ dix-huit milles, & dont la bafe entiere eft de lave; & je fuis perfuadé que fa plus grande montagne, qui eft prefque auffi élevée que le Véfuve, & qu'on appeloit autrefois *Epomeus*, actuellement *Saint-Nicolas*, a été élevée par degrés.

Je ne doute pas que l'île même ne soit
aussi sortie du fond de la mer, de la même
façon que quelques-unes des îles Açores;
je pense de même sur le mont Vésuve, &
sur toutes les hauteurs des environs de Naples, n'ayant encore vu nulle part une
terre qu'on puisse appeler Vierge. J'ai eu
le plaisir de voir creuser un puits, il y a
quelques jours, près de ma maison de
campagne, qui est, comme vous le savez,
située auprès de la mer. A vingt-cinq
pieds au dessous du niveau de la mer, on
a rencontré une couche de lave, & Dieu
sait à quelle profondeur ils auroient pu
en trouver d'autres. Le sol si fertile des
environs de la montagne n'est composé
que de couches de laves, de cendres &
de pierres ponces, & quelquefois d'une
couche mince de terre végétale produite
par les détrimens pourris des racines,
des plantes & des vignes, &c., comme
on le voit distinctement à Pompeii, où

on fouille actuellement les ruines de
cette ancienne ville ; les maisons sont
couvertes de 10 à 15 pieds de pierres
ponces & de fragmens de lave ; quelques-unes desquelles pesent huit livres
(circonstance que je rapporte pour montrer que le Vésuve a jeté des pierres de
cette grandeur , & pendant une violente
éruption , jusqu'à cinq milles (*a*) de dis-

(*a*) J'ai trouvé depuis dans cette couche
de matiere jetée à Pompeii , des pierres qui
pesoient jusqu'à huit livres ; mais plusieurs
Relations de la grande éruption du Vésuve ,
particuliérement celle d'Antoine Bulifon ,
font mention d'une pierre qui fut jetée
comme une bombe du cratere du Vésuve
l'année 1631 , tomba sur la maison du
Marquis de Lauro à Nola , & y mit le feu ;
circonstance qui paroît un peu extraordinaire,
Nola étant à douze milles du Vésuve. Cependant j'ai vu des pierres d'une grandeur énorme
jetées à une hauteur prodigieuse par le mont

tance, qui est celle effectivement de Pompeii en ligne droite). Sur cette couche de pierres ponces, ou de rapilli, comme on les nomme ici, est une couche de terre végétale excellente, de l'épaisseur d'environ deux pieds, sur laquelle il y a de gros arbres & de très-bons raisins (a). On peut ajouter ici la

---

Vésuve. Au mois de Mai 1771, ayant une montre à secondes dans ma main, j'ai remarqué qu'une de ces pierres employoit onze secondes à retomber de sa plus grande élévation jusque dans le cratere d'où elle avoit été jetée. En 1769, une pierre solide de douze pieds de hauteur & de quarante-cinq pieds de circonférence, fut jetée à un quart de mille du cratere. Quoique l'éruption de 1767 ait été la plus violente de ce fiecle, cependant elle doit avoir été très-douce, étant comparée à celle de l'année 79 & 1631.

(a) Voyez la Note XII.

Solfaterra, qui a été sûrement un Volcan, mais qui ne fait plus d'éruptions à
cause de la surabondance du soufre &
du défaut de particules métalliques. On
peut suivre les traces de ses laves jusque
dans la mer. Nous avons le lac d'Averne
& le lac d'Agnano, qui ont été anciennement des Volcans, & Astruni qui
conserve encore sa forme volcanique plus
que tous les autres. Son cratere est entouré d'une muraille, & Sa Majesté
Sicilienne prend l'amusement de la chasse
aux sangliers dans ce Volcan. Nous
avons encore, près de Pouzzole, cette
montagne curieuse, appelée *la montagne
nouvelle*, qui s'éleva dans une nuit du
lac Lucrin, & qui est d'environ cent
cinquante pieds de hauteur, & de trois
milles de circuit. Il ne me paroît pas
plus extraordinaire que le mont Vésuve,
pendant plusieurs siecles, se soit élevé à
plus de deux mille pieds de hauteur,

lorſqu'il eſt hors de doute que cette montagne s'éleva dans une nuit en l'année 1538. J'ai formé le projet de paſſer quelques jours à Puzzole, le printemps prochain, d'y faire la diſſection de cette montagne, d'y prendre ſes dimenſions, & de faire deſſiner ſes couches; car je me ſuis apperçu qu'elle eſt compoſée de couches comme le mont Véſuve, mais ſans laves, cette montagne s'étant indubitablement élevée du fond d'une plaine. Je ſuis perſuadé que mon projet pourroit donner des lumieres ſur la formation de pluſieurs autres montagnes, qui ſont regardées actuellement comme primitives, quoiqu'elles ne le ſoient ſûrement pas, ſi leurs couches reſſemblent à celle de la montagne nouvelle. Je déſirerois de ſavoir ſi vous croyez que mon projet puiſſe être utile, parce qu'alors le réſultat de mes observations servira peut-être de sujet à une autre Lettre (*a*).

Je ne saurois avoir de plaisir plus sensible que celui d'employer mes heures de loisir à ce qui pourroit être de quelque utilité générale, & mon sort m'a placé dans un pays qui en offre un champ vaste. Au reste, si je devois établir un système, ce seroit *que les montagnes sont produites par les Volcans, & non les Volcans par les montagnes.*

Je crains, Monsieur, de vous avoir ennuyé; mais les Volcans, qui sont mon sujet favori, m'ont entraîné aisément au delà de mon but : j'ajouterai seulement

------

(*a*) Voyez la Lettre V de cette Collection.

que le Véfuve eft actuellement tranquille, quoique brûlant à fa bouche, où
il y a un dépôt de foufre bouillant. La
lave qui avoit coulé dans la Foffa grande,
pendant la derniere éruption, & qui a
au moins deux cents pieds d'épaiffeur,
n'eft point encore refroidie : un bâton
inféré dans fes crevaffes y prend feu fur
le champ. Sur les côtés de ces fentes
il y a des fels criftallins très-beaux ; &
comme ce font les fels purs des exha-
laifons de la lave qui n'a point de communication avec l'intérieur de la montagne, ils pourront peut-être indiquer la
compofition de cette lave.

JE finis en vous remerciant de vos
offres gracieufes, des termes obligeans
de votre Lettre, & de la peine que
vous avez bien voulu prendre, en pla-
çant mon préfent au Mufeum de la

maniere la plus avantageuse, comme je l'apprends de différentes personnes.

JE suis, avec l'estime la plus par-faite,

MONSIEUR,

Votre très-humble &
très-obéissant serviteur,
WILLIAM HAMILTON.

LETTRE IV.

A M. Maty , Secrétaire de la Sociéte Royale.

RELATION d'un Voyage au mont Etna.

Artificis Naturæ ingens opus aspice , nulla
Tu tanta humanis rebus spectacula cernes.
P. CORNELII SEVERI *Etna.*

A Naples, le 17 Octobre 1769.

MONSIEUR,

ENCOURAGÉ par les assurances que vous avez la bonté de me donner (dans votre Lettre du 15 de Juin), que de nouvelles Observations sur les Volcans seroient agréables à la Société Royale, je me suis déterminé à vous envoyer la Relation de celles que j'ai faites derniérement sur le mont Etna, & vous êtes

le maître de les préſenter à cette reſpec-
table Société, ſi vous les croyez dignes de
cet honneur.

Après avoir examiné les opérations
du mont Véſuve avec beaucoup d'attention pendant les cinq années de ma
réſidence, comme Miniſtre du Roi à la
Cour de Naples, & après avoir remarqué avec beaucoup de ſoin la nature du
ſol à quinze milles autour de cette Capitale, je me ſuis convaincu que la totalité du terrein de ce circuit a été formée
par exploſion. Pluſieurs des crateres par
où cette matiere eſt ſortie, ſont actuellement viſibles, tels que la Solfaterra
près de Puzzole, le lac d'Agnano, &
près de ce lac une montagne appelée
Aſtruni, compoſée de matieres brûlées,
avec un très-grand cratere environné
d'une muraille, où ſont enfermés des
ſangliers & des daims pour le divertiſſe-

ment de Sa Majesté Sicilienne; le Monte Nuovo, qui sortit du fond du lac (a) l'année 1538, & qui conserve aussi encore son cratere, & le lac d'Averne; les îles de Nisida & de Procida sont entiérement composées de matieres brûlées; l'île d'Ischia est aussi composée de lave, de pierres ponces & d'autres matieres brûlées : il y a dans cette île plusieurs crateres visibles, de l'un desquels, vers l'année 1303, sortit une lave qui coula jusque dans la mer, & qui reste encore dans le même état de stérilité que les laves modernes du Vésuve. De semblables observations m'étant devenues fami-

---

(a) L'opinion généralement reçue, est que cette montagne s'éleva du fond du lac Lucrin; je n'avois point encore cette Relation particuliere, & très-curieuse, qui se trouve dans ma Lettre suivante, quand j'ai écrit ceci : j'étois alors par conséquent dans la même erreur.

lieres, je crus pouvoir avec succès vifiter le Volcan le plus ancien, & peut-
être le plus confidérable qui exifte à
préfent, & j'ai eu la fatisfaction d'être
entiérement perfuadé de la formation
des montagnes les plus confidérables par
la fimple explofion, après en avoir encore obfervé plufieurs de cette efpece
fur les flancs de l'Etna, comme je le
dirai dans la fuite.

LE 24 Juin 1769, après midi, je quittai
Catane, ville fituée au pied du mont
Etna ou mont Gibello, qui eft fon nom
moderne, avec le Duc Saint-Demetrio,
Milord Fortrofe, & le Chanoine Recupero, homme d'efprit, & le feul de
cette ville qui connoiffe bien l'Etna, dont
il écrit à préfent l'Hiftoire Naturelle; entreprife importante & utile, que je doute
qu'il puiffe jamais terminer, faute des en-
couragemens

couragemens néceſſaires (*a*). Nous traversâmes le diſtrict inférieur de la montagne, appelée par ſes habitans, la
Regione Piemonteſe; il eſt bien arroſé,
très-fertile, & abondant en vignes &
arbres fruitiers, par-tout où la lave, qu'on
appelle ici *ſciara*, a eu le temps de s'a-
mollir & de former un ſol ſuffiſant pour
la végétation; ce qui ne peut être que
l'effet de pluſieurs ſiecles (*b*), comme,

(*a*) Voyez la Note XIII.

(*b*) Cette circonſtance doit néceſſairement
dépendre de la qualité des laves : quelques-unes
auront été dans un état de vitrification plus
parfaite que d'autres, & par conſéquent elles
ſeront détruites moins rapidement. J'ai ſouvent
remarqué ſur le mont Véſuve, quand je me
trouvois à côté d'une bouche d'où la lave
ſortoit, que la qualité de cette lave varioit
de momens à autres. Je l'ai vue auſſi fluide
& auſſi liquide que le verre en fuſion, & je
l'ai vue farineuſe, les particules ſe ſéparant

par exemple, de mille années ou davantage, comme je m'en suis convaincu
par plusieurs observations, à moins que
l'art ne hâte cet effet. La circonférence
de cette région inférieure qui forme la
base du grand Volcan, a plus de cent
milles d'Italie. Les vignes de l'Etna sont
entretenues fort basses, ce qui est précisément le contraire de ce qu'on pratique
sur les côtes du Vésuve : elles produisent
ici un vin plus fort, mais non pas en si
grande abondance. Le district Piémontois, malgré le danger de sa situation,
est très-peuplé ; il est couvert de villes,

---

au moment de leur sortie, telles que la fa-
rine lorsqu'elle sort de dessous les meules.
Un fleuve de lave de cette espece, étant moins
compacte, & contenant plus de particules
terreuses, seroit sûrement beaucoup plus
propre à la végétation, qu'une lave composée d'une matiere plus parfaitement vitrifiée.

de villages, & de monasteres. Catane,
si souvent détruite par les éruptions de
l'Etna, totalement renversée par un tremblement de terre (a), vers la fin du dernier siecle, a été rebâtie : c'est à présent une ville considérable, où l'on
compte au moins trente-cinq mille habitans. Je n'ai point été étonné de la
sûreté avec laquelle ces endroits-là sont
habités, après avoir été si long-temps
témoin de la même sécurité près du mont
Vésuve. Les opérations de la Nature
sont lentes; de grandes éruptions ne se
voient que rarement, & chacun se flatte
qu'il n'en arrivera aucune de son temps,
ou, si elle arrive, que la lave épargnera

(a) Ce tremblement de terre arriva en
1693, & détruisit 49 villes ou villages, 922
Eglises, Colléges ou Couvens : près de
cent mille ames périrent sous les ruines des
édifices.

son terrein; mais la plus grande & la plus
forte raison pourquoi les voisinages des
Volcans sont habités, c'est leur grande
fertilité.

APRÈS avoir monté doucement environ quatre heures, nous arrivâmes au
petit Couvent de Saint-Nicolas de l'A-
rena, qui est à peu près à treize milles
de Catane, & à un mille du Volcan,
d'où sortit la grande éruption de 1669:
le Comte de Winchelsea, qui se trouva
alors à Catane au retour de son am-
bassade de Constantinople, en donna
une Relation très-circonstanciée & très-
curieuse à la Cour: elle fut bientôt après
imprimée à Londres, & j'en ai vu une
copie à Palerme dans la Bibliotheque du
Prince Torremuzza (*a*). Nous passâmes la

(*a*) Elle a pour titre : *Relation véritable
& exacte du dernier tremblement de terre*

nuit du 24 dans le Couvent des Béné-
dictins, & nous employâmes le lendemain

---

prodigieux, & de l'éruption du mont *Etna*
ou mont Gibello, d'après la Lettre écrite de
Naples à Sa Majesté par le Comte de Winchelsea, dernier Ambassadeur de Sa Majesté
à Constantinople, lequel revenant de cette
Capitale, & ayant abordé à Catane en Sicile,
fut témoin oculaire de ce spectacle affreux ;
avec une narration plus particuliere de la
même éruption, recueillie de plusieurs autres
Relations envoyées de Catane, publiées par
autorité, & imprimées par T. Newcomb
dans le Savoy en 1669.

J'ai accepté, dit l'Auteur, page 38, l'in-
vitation de l'Evêque, de passer une journée
avec lui, afin d'être en état de donner à
Votre Majesté une Relation des plus exactes
de ce feu extraordinaire qui vient du mont
Gibello, à 15 milles de cette ville, dont la
vue fait horreur ; la quantité de matiere est
immense (car il y a quinze milles de longueur & sept de largeur) : par sa dévas-

G iij

d'après à examiner les ravages qu'avoit
faits cette terrible éruption sur le riche

---

tation terrible & la vîtesse de ses progrès,
elle pourroit être nommée une inondation,
un déluge de feu, de cendres & de pierres
enflammées, brûlant avec une telle violence
(ce que j'ai vu de mes propres yeux), qu'il
s'avança de la longueur de six cents verges
dans la mer, sur un mille de largeur. Ce qui
augmenta mon admiration, fut de voir cette
matiere dans la mer comme des rochers raboteux & brûlans, sous quatre brasses d'eau,
& élevée à la hauteur de deux brasses au
dessus de la mer même. Dans quelques endroits le feu étoit liquide, & détachoit sans
beaucoup de violence les pierres qui l'environnoient, lesquelles, comme des croûtes
toutes rouges & brûlantes, tomboient à
chaque instant dans la mer, faisant un bruit
horrible, beaucoup de fumée, & un sifle-
ment dans la mer, jusqu'à ce que se succé-
dant continuellement, elles formoient un
fondement très-ferme & solide dans la mer

pays Piémontois. La lave sortit dans une
vigne à un mille de Saint-Nicolas, &

---

même. J'y restai depuis le samedi à neuf
heures du matin jusqu'au lendemain à sept
heures (sans doute vers le milieu ou la
fin du mois d'Avril) : cette montagne de
feu, de pierres & de cendres, s'étoit avancée
dans la mer à vingt toises au moins en plusieurs endroits. Au milieu de ce feu, qui
brûloit dans la mer, il s'étoit formé une espece
de riviere avec des bords escarpés & raboteux de chaque côté : c'est dans ce canal que
coule la plus grande quantité de ce feu qui
est le plus liquide, & sur lequel flottent de
grosses pierres de la même composition, &
des cendres rouges & ardentes. Il y a des
conduits secrets, ou des ruisseaux de cette
matiere liquide, qui communiquent leur
chaleur plus ou moins par-tout, & fondent
& refondent les pierres & les cendres qu'elles
rencontrent. Voy. la Note XIV. Lorsqu'ils
rencontrent des rochers ou des maisons bâties
(comme le font un grand nombre), ils se

G iv

par des explosions fréquentes de pierres
& de cendres, y éleva une montagne

---

fondent avec la même matiere, & sont em-
portés par le feu. Lorsqu'ils trouvent d'autres matieres composées (à ce qu'on me dit),
ils les réduisent en cendres ou en chaux. La
composition de ce feu, de ces pierres & de
ces cendres, est de soufre, de nitre, de mercure, de sel ammoniac, de plomb, de fer,
de bronze, & de toutes sortes de métaux.
Son mouvement n'est pas régulier, & il ne
suit pas toujours les penchans (1). En quel-

---

(1) J'ai entendu faire la même remarque par rapport aux laves du Vésuve ; c'est ce qui m'a décidé de
veiller sur les progrès d'un courant de lave, pendant
une éruption de ce Volcan ; & j'ai bientôt été en état
de comprendre ce phénomene, quoiqu'il y ait peut-
être de la difficulté pour moi à l'expliquer. Il est très-
certain que les laves, pendant qu'elles sont dans
l'état de fluidité, suivent les loix de tous les autres
fluides ; mais quand elles sont éloignées de leur source,
& nécessairement embarrassées de scories & de cendres, & l'air ayant aussi endurci leur surface, elles
sont quelquefois, comme je l'ai vu, forcées de monter

que je juge de la hauteur d'un mille, &
de trois milles au moins de circonfé-

---

ques parts il a fait des montagnes d'un vallon ;
& quelques montagnes, qui n'étoient pas
bien élevées, sont actuellement devenues
des vallons. Quand la nuit vint, je montai
sur deux tours en différentes situations, &
je vis distinctement, à la distance d'environ
dix milles en ligne droite, le feu sortir de la
montagne, les flammes s'élever à une hauteur plus grande qu'aucun clocher d'église
des royaumes de Votre Majesté, & lancer
en même temps dans l'air de grosses pierres ;
je m'appercus que la riviere de feu, qui des-
cendoit de la montagne, étoit d'une couleur
rouge obscure, & que des pierres d'un rouge
plus pâle nageoient au dessus ; quelques-

---

un peu, la matiere nouvelle poussant celle qui la pré-
cédoit, & les parties extérieures de la lave agissant
comme des conducteurs (ou des tuyaux, s'il m'est
permis de l'expliquer ainsi) aux parties intérieures,
qui, n'ayant point été exposées à l'air, ont retenu
leur fluidité.

rence à sa base. La lave qui en sortit,
& sur laquelle il n'y a encore aucun signe

---

unes étoient grandes comme une table
ordinaire. Nous vîmes ce feu couler en plusieurs endroits. Tout le pays étoit couvert
de feu & de flammes (1). La montagne fumoit en plusieurs endroits, comme un grand
fourneau de fer en fusion ; les morceaux qui
tomboient, faisoient beaucoup de bruit, par-
ticulièrement ceux qui couloient dans la
mer. Un Chevalier de Malthe, habitant de
Catane, qui m'accompagnoit, me dit : que
lorsque la riviere de feu sortoit de la mon-

---

(1) Les flammes dont parle Milord Winchelsea
étoient sûrement le produit des laves qui rencontroient
des arbres dans leur passage ; ou peut-être Milord
aura-t-il pris la fumée blanche qui s'éleve toujours
d'une lave (& qui est éteinte la nuit par la réflection
de la matiere en fusion) pour de la flamme, à laquelle
elle ressemble beaucoup de loin. J'ai remarqué sur le
mont Vésuve, que, quelques instans après qu'une lave
avoit abattu & emporté un arbre, une flamme vive
sortoit de sa surface ; mais je n'ai pas remarqué d'autres
flammes.

de végétation, a quatorze milles de longueur, & dans plusieurs endroits six de

---

tagne, elle étoit liquide comme l'eau ; qu'elle
se précipitoit comme un torrent avec beaucoup de violence ; qu'elle étoit d'une profondeur de cinq à six toises, & d'une largeur à peu près égale ; & que les pierres
jetées sur elle ne s'enfonçoient pas. Je puis
assurer Votre Majesté que la plume ne peut
exprimer l'horreur de cette scene. Tout l'art
& toute l'industrie du genre humain ne sau-
roient éteindre ou détourner le feu qui brûle
dans ce pays. Dans l'espace de quarante
jours il a détruit les habitations de vingt-
sept mille personnes : d'une montagne il en
a fait deux, chacune de mille pas de hauteur ; & une de ces montagnes peut avoir
quatre milles de circonférence. De vingt
mille personnes qui habitoient Catane, il
n'en est resté que trois mille. Tous leurs
effets ont été entraînés ; les canons de bronze
ont été transportés hors du Château ; les
grosses cloches ont été abattues ; les grandes

largeur. Elle vint jusqu'à Catane, détruisit une partie de ses murs, ensevelit un amphithéatre, un aqueduc, & plusieurs autres monumens de l'ancienne grandeur de cette ville, qui avoient jusqu'alors résisté aux injures du temps; elle fit dans la mer un trajet assez considérable pour y former d'abord un port sûr & beau, mais qui fut bientôt après comblé par un nouveau torrent de la même matiere enflammée; circonstance qui

---

portes de la ville, du côté du feu, murées, & on a fait toutes les préparations pour abandonner la ville.

La nuit que j'ai passée là, il pleuvoit des cendres sur toute la ville, & à dix milles de distance en mer elles me faisoient mal aux yeux. Le feu, dans son progrès, ayant rencontré un lac de quatre milles de circuit, ne se contenta pas simplement de le remplir, quoiqu'il eût quatre toises de profondeur, mais il en fit une montagne.

afflige encore aujourd'hui les habitans de Catane, qui n'ont point de port. Il n'y a pas eu depuis ce temps-là d'éruption aussi considérable ; mais on y voit les signes certains de plusieurs éruptions antérieures, qui ont été plus terribles encore.

A deux ou trois milles aux environs de la montagne élevée par cette éruption, tout est inculte & couvert de cendres ; mais avec le temps ce terrein & cette montagne seront aussi fertiles que plusieurs autres de son voisinage, qui ont aussi été formées par des explosions. Si l'on pouvoit savoir avec certitude les dates de ces explosions, elles seroient très-curieuses, & on en tireroit des conséquences pour fixer le temps nécessaire pour le retour de la végétation. Selon l'état différent des montagnes élevées par des éruptions, celles que je présume être les plus nouvelles sont couvertes de cen-

dres feulement ; d'autres, d'une date précédente , le font de petites plantes &
d'herbes ; & les plus anciennes font couvertes des plus grands arbres que j'aie
vus. Je crois que la formation de ces
dernieres eft d'une date trop ancienne ,
pour être arrivée dans les temps connus
par l'Hiftoire. Au pied de la montagne
élevée par l'éruption de l'année 1669 ,
il y a une foffe, par laquelle, au moyen
d'une corde , nous defcendîmes dans
différentes cavernes fouterraines qui fe
ramifioient & s'étendoient très-loin , tellement que nous n'hafardâmes pas de
nous y enfoncer ; le froid d'ailleurs y
étant exceffif, & un vent violent éteignant fréquemment quelqu'un de nos
flambeaux. Il y a apparence que ces
cavernes contenoient la lave, qui fe fit
jour & s'étendit, comme je viens de le
dire , jufqu'à Catane. On connoît plufieurs de ces cavités fouterraines dans

d'autres parties de l'Etna, telle que celle que les payfans nomment la *Baracea Vecchia*, une autre, la *Spelonca della Colomba* (parce que les pigeons fauvages y font leurs nids), & la caverne Thalia dont parle Bocace. Quelques-unes font des magafins pour la neige; toute la Sicile & l'île de Malthe tirant du mont Etna cette production eſſentielle dans un climat chaud. Je crois qu'on en découvriroit bien d'autres encore, fi on les cherchoit, particuliérement auprès & au deſſous du cratere, d'où font fortis des fleuves de lave; car l'immenfe quantité de matiere que l'on voit au deſſus du fol, fuppoſe néceſſairement de grands vuides au deſſous.

Aprés avoir paſſé le matin du 25 à faire ces obſervations, nous traverſâmes la feconde région, ou la région du milieu de l'Etna, appelée *la Selvofa*, une des plus belles chofes de ce genre. De chaque côté il y a des montagnes ou des fragmens de montagnes élevées par différentes explofions anciennes; il y en a quelques-unes prefque auffi hautes que le Véfuve; une fur-tout (comme nous l'affura notre guide le Chanoine, qui l'avoit mefurée) a près d'un mille de hauteur, & cinq milles de circonférence à fa bafe; elles font toutes, ainfi que les riches vallées qui les féparent, plus ou moins couvertes, même dans leurs crateres, de chênes, de châtaigniers & de fapins, plus grands que ceux que j'ai vus ailleurs; & c'eft de là principalement qu'on tire les bois de conftruction pour l'ufage des chantiers du Roi de Naples. Cette partie de l'Etna étoit célebre par fes bois du temps des Tyrans de Siracufe; & devant néceffairement, comme je l'ai déjà dit, s'écouler bien des fiecles entre l'éruption & le moment où la lave peut

être

être propre à la végétation : nous pouvons de là nous former une idée du grand âge de ce respectable Volcan. Les châtaigniers étoient l'espece d'arbres la plus commune dans les endroits que nous traversâmes; &, quoique très-grands, on ne sauroit les comparer avec quelques-uns d'une autre partie de la région *Selvosa*, appelée *Carpinetto*. J'ai entendu dire par plusieurs personnes, & particuliérement par notre Chanoine, qui a mesuré le plus grand de ce canton, appelé *le châtaignier de cent chevaux*, qu'il a plus de 28 cannes Napolitaines de circonférence (149 pieds & 4 pouces); la canne Napolitaine étant de 64 pouces de France, vous pourrez, Monsieur, juger de la taille immense de cet arbre fameux (*a*). Il est creux, mais il y

______

(*a*) J'ai entendu depuis, de quelques-uns de mes compatriotes qui ont mesuré cet ar-

H

en a un à côté qui est sain & presque
aussi gros : je n'allai point voir ces arbres, parce qu'il auroit fallu employer
deux jours à ce voyage, & qu'il faisoit
trop chaud. Il est étonnant que des arbres puissent fleurir dans un terrein si peu
profond, car ils ne peuvent pénétrer beaucoup sans trouver un rocher de lave ; la
plupart des racines des grands arbres de ce
côté-là sont sur terre , &, par l'impression
de l'air, ont acquis une écorce pareille à
celle de leurs branches. Dans cette partie

---

bre , que ces dimensions étoient effectivement
telles ; mais que l'on pouvoit appercevoir des
marques de quatre troncs , qui ayant pris
racine ensemble , formoient un seul arbre.
M. de Saussure, Professeur d'Histoire Naturelle à Genève , ayant mesuré cet arbre
en 1773 , trouva que son diametre , à six
pieds de la racine , étoit de 48 pieds de France , & son plus petit diametre au dessous des
branches , de 34.

de la montagne se trouvent les plus beaux bestiaux de la Sicile ; nous avons remarqué qu'en général les cornes des bœufs de la Sicile sont une fois aussi grandes que celles des bestiaux que l'on voit ailleurs ; au reste les animaux sont de la taille ordinaire. Nous passâmes près de la derniere éruption de l'année 1766, qui détruisit plus de quatre milles en carré de beau bois dont j'ai parlé. La montagne élevée par cette éruption abonde en soufre & en sels, exactement semblables à ceux du Vésuve, & dont j'ai envoyé des échantillons au feu Lord Morton il y a quelque temps.

Environ cinq heures après que nous eûmes quitté le couvent de Saint-Nicolas de l'Arena, nous arrivâmes aux confins de la troisieme région, appelée *la Netta* ou *Scoperta* (nette ou découverte) ; l'air y étoit à la vérité excessivement froid ;

H ij

de sorte que dans la même journée nous éprouvâmes sur cette montagne les effets des quatre saisons de l'année ; la chaleur excessive de l'été dans la région Piémontoise ; l'air tempéré du printemps & de l'automne dans la région du milieu ; & le froid extrême de l'hiver dans celle d'en haut. A mesure que nous approchions de la derniere, je remarquai que la végétation diminuoit par degrés, depuis les plus grands arbres jusqu'aux plus petits arbrisseaux, & aux plantes des climats septentrionaux (*a*). J'observai quantité de genievre & de tamarin ; & notre guide nous dit, que lorsque la saison est plus avancée, on y voit un nombre infini de plantes curieuses, & que dans quelques endroits on trouve de la rhubarbe & du safran en abondance. Dans l'Histoire de Catane, par Carrera, il y a

______

(*a*) Voyez la Note XV.

une liste de toutes les plantes de l'Etna, par ordre alphabétique.

COMME la nuit approchoit, nous nous mîmes ici à couvert sous une tente, & fîmes un grand feu ; ce qui étoit très-nécessaire, car sans feu, & habillés comme nous étions, nous eussions péri infailliblement de froid. Le 26 , à une heure après minuit, nous poursuivîmes notre voyage vers le grand cratere ; nous passâmes sur des neiges qui remplissent des vallées profondes, & qui ne fondent jamais, à moins qu'il n'y coule au dessus quelques laves de la bouche du grand cratere, ce qui arrive très-rarement, les grandes éruptions venant ordinairement dans la moyenne région ; & cela, parce que la matiere enflammée (à ce qu'il me semble) trouvant à se faire jour dans quelques parties foibles, long-temps avant qu'elle puisse s'élever à la hauteur excessive de

H iij

la région supérieure, la grande bouche
du sommet ne sert que de cheminée
commune au Volcan. Dans plusieurs endroits la neige est couverte d'un lit de
cendres jetées du cratere; & le soleil la
fondant dans quelques parties, en rend
la surface dangereuse : mais comme nous
avions avec nous, indépendamment de
notre guide, un paysan bien au fait de
ces vallées, nous arrivâmes sans accident
au pied de la petite montagne de cendres, qui couronne l'Etna, environ une
heure avant le lever du soleil. Cette
montagne est située sur une plaine d'une
pente d'environ neuf milles de circonférence ; elle n'a guere qu'un quart de
mille de hauteur perpendiculaire, très-
escarpée, mais pas cependant autant que
le Vésuve : elle a été formée depuis
trente ans ; & plusieurs personnes de
Catane m'ont dit qu'elles se souvenoient
de n'avoir vu qu'un large cratere dans le

milieu de cette plaine. Jusqu'à présent
la montée avoit été assez douce pour
n'être pas fatigante ; car le sommet de
l'Etna est à trente milles de Catane (d'où
l'on commence à monter) ; & sans la
neige nous aurions pu aller sur nos mules
jusqu'au pied de la petite montagne,
plus haut que le Chanoine notre guide
n'avoit jamais été. Comme je vis que
cette petite montagne étoit semblable à
la cime du Vésuve, qui est solide &
ferme, quoique la fumée sorte de tous
les pores, je ne fis aucune difficulté
d'aller au haut du cratere, & mes com-
pagnons me suivirent. La montée dure,
la vivacité de l'air, les vapeurs du soufre, & la violence du vent qui nous
obligea plus d'une fois de nous jeter le
visage contre terre, crainte d'en être renversés, rendirent cette derniere partie de
notre expédition très-désagréable. Pour
nous consoler, notre guide nous assura

qu'il y avoit ordinairement beaucoup plus
de vent dans la haute région de l'Etna,
qu'il n'en faisoit pour lors. Peu de temps
après que nous fûmes assis sur la plus
haute pointe de l'Etna, le soleil se leva,
& nous eûmes devant les yeux une scene
brillante, qui n'est pas susceptible de description. L'horizon s'éclairant par degrés,
nous découvrîmes la plus grande partie
de la Calabre, & la mer de l'autre côté,
le Phare de Messine, & les îles de Lipari ; Stromboli, avec son sommet fu-
mant (quoiqu'éloigné de plus de 70
milles), sembloit être précisément sous
nos pieds : nous vîmes l'île entiere de la
Sicile, ses rivieres, ses villes, ses havres,
&c., comme si nous avions regardé une
Carte de Géographie : l'île de Malthe
est une terre basse ; mais il y avoit une
telle brume de ce côté-là de l'horizon,
que nous ne pûmes la bien voir : notre
guide nous assura qu'il l'avoit vue d'autres

fois très-distinctement ; & je le crois,
parce que, dans d'autres parties de l'horizon, qui n'étoient pas embrumées,
nous vîmes à une plus grande distance ;
d'ailleurs, quelques semaines auparavant,
en entrant dans le havre de Malthe,
nous avions vu notre vaisseau très-distinctement du sommet de l'Etna. Enfin,
comme je l'ai mesuré depuis sur une carte
exacte, nous pouvions voir dans un instant une circonférence de plus de 900
milles ; l'ombre pyramidale de la montagne traversoit toute l'île, & s'étendoit
fort avant dans la mer. Je comptai de là
quarante-quatre petites montagnes dans
la moyenne région du côté de Catane,
& plusieurs autres du côté opposé, toutes
d'une forme conique, chacune ayant un
cratere, dont plusieurs étoient couverts
de grands arbres au dedans & au dehors.
J'appelle ces montagnes petites, en comparaison du mont Etna, dont elles ne

font qu'une émanation ; car par-tout ailleurs elles paroîtroient très-grandes. Les
pointes de ces montagnes, que j'estime
être les plus anciennes, font émoussées,
& les crateres, par conséquent, plus
étendus & moins profonds que ceux des
montagnes formées par des explosions
plus récentes, qui conservent en entier
leur forme pyramidale : quelques - unes
ont été si changées par les temps, qu'elles
n'ont d'autre apparence d'un cratere,
qu'une sorte de creux dans leur sommet
arrondi ; d'autres ont seulement une
deuxieme ou troisieme partie de leur
cône qui subsiste, les parties qui manquent ayant peut-être été détachées par
les tremblemens de terre très-fréquens
dans cette contrée : toutes cependant ont
été évidemment élevées par des explosions ; & je crois que le résultat des plus
exactes observations sur ce point, seroit
que plusieurs formes singulieres de mon-

tagnes, dans d'autres parties du monde,
sont dues à de semblables opérations de
la Nature. J'observai que ces montagnes
étoient généralement rangées en ligne ou
en chaînes ; qu'elles ont ordinairement
une fracture sur un côté, de même que
les petites montagnes élevées par des
explosions près du Vésuve, où l'on en
voit huit ou neuf. Cette fracture est oc-
casionnée par les laves, qui s'ouvrent
par force un passage. J'ai décrit cette
opération de la Nature dans ma Relation
de la derniere éruption du Vésuve ; &
toutes les fois que je verrai une montagne
d'une forme réguliérement conique, avec
un cratere sur le sommet, & un côté
rompu, je jugerai qu'elle a été formée
par une éruption volcanique, parce que
sur l'Etna & le Vésuve, les montagnes
formées par explosions, sont toutes, sans
exception, conformes à cette description : mais je reviens à ma Relation.

APRÈS avoir raſſaſié nos yeux du ſpectacle admirable dont je viens de parler
(& pour lequel, comme nous le dit
Spartien, l'Empereur Adrien ſe donna
la peine de gravir le mont Etna), nous
regardâmes dans le grand cratere, qui,
autant que je puis en juger, avoit deux
milles & demi de circonférence. Nous
ne crûmes pas qu'il y eût de la ſûreté à
en faire le tour & à le meſurer, parce
que dans quelques parties la ſurface nous
paroiſſoit très-foible. L'intérieur du cratere, dont la croûte eſt de ſel & de
ſoufre comme celui du Véſuve, a la
forme d'un cône creux renverſé, & ſa
profondeur répond à peu près à la hauteur de la petite montagne qui couronne
le grand Volcan. La fumée, qui ſortoit
abondamment des côtés & du fond,
nous empêcha de voir juſqu'au bas; mais
le vent l'écartant de temps en temps, je
vis ce cône renverſé ſe rétrécir, & ne

former au fond qu'un très-petit espace. D'après ces observations répétées, j'ose dire, que dans tous les Volcans, la profondeur des crateres se trouve correspondre de très-près à la hauteur de la montagne conique de cendres dont ils sont ordinairement couronnés. Je regarde tous ces crateres comme une sorte d'entonnoirs suspendus, sous lesquels il y a de vastes cavernes & abîmes. On peut aisément rendre compte de la formation de ces montagnes coniques, avec leurs crateres, par la chute des pierres & des cendres jetées pendant une éruption.

La fumée de l'Etna, quoique sulfureuse, ne me parut pas si fétide & si désagréable que celle du Vésuve; mais notre guide me dit que cela varioit selon la qualité de la matiere intérieure qui se trouve alors en mouvement; & en effet j'ai remarqué qu'il en est de même au

Vésuve. L'air étoit si pur, & si vif dans
la haute région de l'Etna, & particuliérement dans les parties les plus élevées,
que nous avions de la difficulté à respi-
rer ; & cela, indépendamment de la
vapeur sulfureuse. J'avois apporté avec
moi de Naples deux barometres & un
thermometre, dans l'intention d'en laisser
un au pied de la montagne, pendant
que nous aurions fait nos observations
avec l'autre sur le sommet au lever du
soleil ; mais malheureusement un de ces
instrumens s'étant gâté en voyage, je ne
pus trouver personne à Catane pour le
raccommoder ; & ce qui est bien plus
extraordinaire, c'est que je ne me rappelle pas d'avoir vu un barometre dans
aucun lieu de la Sicile. Le 24, nous
fîmes notre premiere observation au pied
de l'Etna ; le mercure étoit à 27 degrés
4 lignes. Le 26, à la partie la plus élevée
du Volcan, il étoit à 18 degrés 10

lignes. Le thermometre, au pied de la montagne, étoit, à la premiere obſervation, à 84 degrés, & à la ſeconde, ſur le cratere, à 56; & le temps n'avoit point changé, ayant été également beau & clair le 24 & le 26 du mois (a). Nous

____

(a) On ne doit point s'arrêter beaucoup ſur ces obſervations, car les inconvéniens que nous rencontrions à les faire, & le peu de pratique que nous avions pour des opérations ſi délicates, devoient néceſſairement les rendre peu exactes. Le même Chanoine Recupero accompagna MM. Glover, Fullerton & Brydone à la bouche de l'Etna, au mois de Juin 1770; & le dernier de ces Meſſieurs, Obſervateur très-ingénieux & très-exact, ayant meſuré la hauteur de quelques-unes des plus hautes montagnes, nous donnons ici l'Hiſtoire de ſes obſervations.

» Nous eûmes ſoin de régler deux barometres au pied de la montagne, dit M. Brydone : nous en laiſſâmes un au Chanoine Recupero, & nous

trouvâmes de la difficulté à nous servir
de notre barometre sur le sommet de

---

emportâmes l'autre avec nous. Le Chanoine
nous a affuré que le fien n'éprouva aucune
variation fenfible pendant notre abfence. Il
étoit à 29 pouces 8 lignes & demie, mefure
d'Angleterre ; & nous le retrouvâmes à la
même hauteur. En arrivant à Catane, le
nôtre étoit exactement au même point.

J'ai auffi un très-bon thermometre, garni
d'un tube de vif-argent, que j'ai emprunté
du Philofophe Napolitain, le Pere della
Torre, qui nous a donné des lettres pour
cette ville, & qui nous auroit accompagnés
s'il en avoit pu obtenir la permiffion du Roi.
Mon thermometre eft fait par Adams, à
Londres ; &, comme je l'ai éprouvé, il eft
gradué avec précifion depuis les deux degrés
de la congélation & de l'eau bouillante : il
eft conftruit fur l'échelle de Farenheit. Je
marquerai la hauteur des différentes régions
de l'Etna, d'après les regles dont on fe fert
pour eftimer l'élévation des montagnes par

l'Etna, à cause du froid excessif & de la violence du vent; mais selon les Obser-

---

le baromètre; mais je suis fâché de dire que ces principes sont très-mal déterminés. Cassini, Bouguer, & les autres Auteurs qui ont écrit sur cette matiere, different tellement les uns des autres, que c'est avec peine qu'on peut approcher de la vérité.

L'Etna a été souvent mesuré; mais je crois qu'on n'a jamais fait cette opération avec quelque degré d'exactitude; & cette négligence couvre réellement de honte l'Académie établie dans cet endroit, & appelée *Académie de l'Etna*, dont le but primitif étoit d'étudier la nature & les phénomenes de cette montagne étonnante. J'avois fort envie d'en calculer géométriquement l'élévation; mais j'avoue avec regret, que je n'ai pas même pu trouver à Catane un quart de cercle, quoiqu'il y ait une Académie & une Université. De toutes les montagnes que j'ai vues, c'est la plus facile à mesurer d'une maniere certaine; & c'est peut-être

I

vations les plus exactes que notre situation nous permit de faire, le résultat fut

---

le lieu le plus convenable de la terre pour
établir une regle exacte sur les mesures pri-
ses par le barometre. Il y a une grève d'une
vaste étendue, qui commence précisément
au pied de la montagne, & qui se prolonge
fort loin le long de la côte. La marque de
la mer sur ce rivage est sur le même méridien
que le sommet de la montagne. Vous êtes
sûr d'y avoir un niveau parfait, & vous
pouvez faire la base de votre triangle de
quelle longueur il vous plaît ; mais malheureusement on n'a jamais employé ces moyens
avec exactitude.

Kircher prétend l'avoir mesuré & l'avoir
trouvé de 4000 toises Françoises, élévation
plus considérable que celle des Andes, &
même de toutes les autres montagnes de
notre globe. Les Géometres d'Italie sont
encore plus absurdes : quelques-uns disent
qu'il est élevé de huit milles, d'autres de six,
& d'autres de quatre. Amici, le dernier,

tel que je viens de le dire. Le Chanoine m'avoit assuré que la hauteur du mont

---

&, à ce que je pense, le plus exact de ceux qui ont entrepris ce travail, suppose qu'elle est de trois milles deux cent soixante-quatre pas; mais il doit se tromper de beaucoup; & probablement la hauteur de l'Etna ne surpasse pas 12000 pieds, ou un peu plus de deux milles. Je vais rapporter les différentes méthodes de déterminer les hauteurs par le barometre, & vous choisirez celle qui vous paroîtra la meilleure. Je crois que le rapport qu'elles établissent toutes entre la hauteur du mercure & celle de l'atmosphere, est de beaucoup trop petit, sur-tout dans les régions élevées, où l'air est extrêmement léger. Mikeli, dont les mesures sont regardées comme les plus exactes, a toujours reconnu la vérité de cette proposition. Cassini met dix toises Françoises d'élévation pour chaque ligne du mercure, en ajoutant un pied à la premiere dixaine, deux à la seconde, trois à la troisieme, & ainsi de

Etna furpaſſoit trois milles de l'Italie, &
je crois qu'il a raiſon.

ſuite ; mais ſûrement la gravité de l'air diminue en bien plus grande proportion.

Bouguer prend la différence des logarithmes de la hauteur du barometre exprimée en lignes , en calculant ſeulement les
cinq premiers chiffres de ces logarithmes ; il
ôte la trentieme partie de cette différence ,
& il ſuppoſe que ce qui reſte eſt la différence
de l'élévation exprimée en toiſes. Je ne me
rappelle pas la raiſon qu'il donne de cette
regle ; mais elle ſemble être encore plus
fautive que l'autre , & chacun l'a rejetée.
On dit qu'on a fait à Geneve des expériences exactes pour établir des principes ſur ce
ſujet ; mais je n'ai pas encore pu m'en procurer la deſcription. M. de la Hire fait
entrer dans ſes calculs 1 2 toiſes 4 pieds pour
chaque ligne du mercure ; & Picart, qui eſt,
ſuivant toute apparence , le plus exact des
Académiciens François, 1 4 toiſes, ou environ
90 pieds Anglois. Il eſt honteux pour les

APRÈS avoir passé au moins trois heures sur le cratere, nous descendîmes

---

Sciences, que les résultats de ces Philosophes soient si différens les uns des autres.

Hauteur du thermometre de Farenheit.

A Catane, le 26 Mai à midi, 76 d.

Ibid. Le 27 Mai à huit heures du matin, ... 72.

A Nicolosi, situé à douze milles, sur la montagne, à midi, . . . 73.

Dans la caverne appelée *Spelonca del Capriole*, sur la seconde région où il y avoit encore une quantité considérable de neige, à sept heures du soir, ... 61.

Dans la même caverne, à onze heures & démie, ... 52.

A la tour du Philosophe, dans la troisieme région, à trois heures du matin, ... 34 ½.

Au pied du cratere de l'Etna, 33.

pour aller sur un terrein élevé, éloigné
d'environ un mille de la montagne supé-

A peu près au milieu du chemin
en montant au cratere, ... 29.
Au sommet de l'Etna, un peu
avant le lever du soleil, ... 27.

Hauteur du barometre en pouces & lignes.

Au bord de la mer à Catane, 29^p 8$\frac{1}{4}^l$.
Au village de Piémont dans la
premiere région de l'Etna, . . 27 8.
A Nicolosi dans la même région, 27 1$\frac{3}{4}$.
Au pied du châtaignier des cent
chevaux, dans la seconde région, 26 5$\frac{1}{4}$.
Dans la caverne des chevres, sur
la seconde région, ... 24 2.
A la tour du Philosophe, dans la
troisieme région, ... 20 5.
Au pied du cratere, ... 20 4$\frac{1}{2}$.
A environ 300 verges du sommet, 19 6$\frac{1}{2}$.
Au sommet de l'Etna; je le sup-
pose d'environ . . . . 19 4.
Le vent étoit si violent au sommet, que

rieure que nous venions de quitter. Nous
y trouvâmes quelques restes des fondemens d'un monument antique bâti
de briques, & qui paroissoit avoir été
orné de marbre blanc : il en reste
quelques fragmens çà & là. On appelle

---

je n'ai pas pu faire l'observation avec une
exactitude parfaite ; cependant je suis sûr
de ne m'être pas trompé d'une demi-ligne.

J'avoue que je n'imaginois pas que le
mont Etna fût aussi prodigieusement élevé ;
j'avois entendu dire, sans le croire, qu'il étoit
plus haut que les Alpes. Je fus fort étonné
de voir que le mercure tomboit presque deux
pouces plus bas que je ne l'avois observé sur
la partie la plus haute des montagnes des
Alpes qui sont accessibles ; mais je suis toujours persuadé qu'il y a sur les Alpes plusieurs pointes inaccessibles, & en particulier
le mont Blanc, qui sont encore plus élevées
que l'Etna «. Voyez *Voyage en Sicile & à
Malthe*, tom. *I*, pag. 249.

I iv

cet endroit *la Tour du Philosophe*,
parce qu'on prétend qu'Empedocles l'a
habitée. Comme les Anciens sacri-
fioient aux Dieux célestes sur le sommet
de l'Etna (*a*), il est possible que ces
ruines fussent les restes d'un Temple
dont ils se servoient pour ces especes de
sacrifices. Nous allâmes ensuite un peu
plus loin, sur la plaine inclinée dont je
viens de parler, & nous vîmes les traces
d'un torrent épouvantable d'eau chaude,
qui sortit du grand cratere avec une
éruption de lave en 1755. Le Chanoine
Recupero, notre guide, a publié une

(*a*) Ce passage du Poëme de Corneille
Sévere, sur le mont Etna, paroit confirmer
opinion :

Placantesque etiam cœlestia numina thure
Summo cerne jugo, vel quâ liberrimus Etna
Improspectus hiat; tantarum semina rerum
Si nihil irritet flammas, stupeatque profundum.

Dissertation sur ce phénomene. Heureusement ce torrent ne prit pas sa route
vers les lieux habités de la montagne ;
car un accident pareil sur le mont Vésuve, en 1631, emporta quelques villes &
villages de son voisinage, avec des milliers
de leurs habitans. L'opinion commune est
que ces éruptions d'eau procedent d'une
communication du Volcan avec la mer ;
je les crois plutôt occasionnées par des
dépôts d'eau de pluie dans quelques-
unes de leurs concavités intérieures. Nous
vimes de cet endroit le cours entier d'une
ancienne lave, la plus considérable par
son étendue de toutes celles qu'on connoît, laquelle entra dans la mer, près
de Taormina, qui est à trente milles du
cratere d'où elle sortit. Cette lave a dans
quelques parties quinze milles de largeur.
Les laves de l'Etna ont communément
quinze à vingt milles de longueur, six ou
sept de largeur, & cinquante pieds ou

plus de profondeur. Ainsi, Monsieur,
jugez de la quantité prodigieuse de matiere sortie de cette montagne dans les
éruptions, & des vastes cavités qu'il doit
y avoir au dedans. La lave la plus étendue du Vésuve n'excede pas plus de sept
milles en longueur. Les opérations de la
Nature, sur l'une & l'autre montagne,
sont semblables ; mais celles du mont
Etna sont sur une plus grande échelle.
Les qualités de leurs laves sont les mêmes (a) ; mais je crois celles de l'Etna
plus noires, & en général plus poreuses
que celles du Vésuve. Dans les parties
de l'Etna que nous traversâmes, je ne
vis aucun de ces lits de pierres ponces,
qui sont si fréquens près du Vésuve, &
qui couvrent l'ancienne ville de Pompeii ; mais notre guide nous dit qu'il y
en a de semblables dans d'autres parties

(a) Voyez la Note XVI.

de la montagne. Je vis quelques couches de ce qu'à Naples on appelle *tufa*, qui couvre Herculaneum, & qui compose une grande partie des terres élevées auprès de Naples ; & après l'avoir examiné, j'ai jugé que c'est un mélange de petites pierres ponces, de cendres & de fragmens de lave qui s'est endurcie avec le temps, au point de former une sorte de pierre (a). En un mot, je ne trouvai rien sur le mont Etna (pour ce qui regarde les matieres volcaniques) que le Vésuve ne produise ; & il est certain qu'il y a une plus grande variété dans les matieres brûlées, & les laves de cette derniere montagne. Toutes les deux abondent en pyrites & en cristallisations, ou plutôt en vitrifications. Sur le rivage de la mer, au pied de l'Etna, on trouve

———

(a) Je donnerai une idée plus juste de ce tufa dans la Lettre suivante.

quantité d'ambre, ce qu'on ne trouve pas au pied du Vésuve. A présent il y a une plus grande quantité de soufre & de sels sur le sommet du Vésuve, que sur celui de l'Etna; mais cette circonstance varie suivant le degré de fermentation du dedans; & notre guide m'assura que dans d'autres temps il en avoit vu davantage sur l'Etna. Lorsque nous revînmes à Catane, le Chanoine nous fit voir un monticule couvert de vignes, appartenant autrefois aux Jésuites, qui fut, à ce qu'on dit, miné par la lave en 1669, & transporté à un demi-mille du lieu où il étoit auparavant, sans que les vignes en fussent endommagées.

DANS de fortes éruptions de l'Etna, on a souvent vu sortir, du milieu de la fumée que vomissoit le grand cratere, des éclairs & des zigzags de feu, tels que je les ai décrits dans ma Relation de

la derniere éruption du Vésuve. Les
Anciens avoient remarqué le même phénomene; car Séneque (*lib. II, Nat.
Quæst.*) dit : *Etna aliquando multo igne
abundavit, ingentem vim arenæ urentis
effudit, involutus est dies pulvere, po-
pulosque subita nox terruit, illo tempore
aiunt plurima fuisse tonitrua & fulmina.*

JUSQU'A l'année 252 de l'Ere Chrétienne, l'Histoire Chronologique des
éruptions de l'Etna est très-imparfaite.
Mais je trouve, par les dates des éruptions de ce Volcan, que cette montagne
est aussi irréguliere dans ses opérations
que le Vésuve (*a*). La derniere éruption
de l'Etna fut en 1766.

____

(*a*) Les dates des éruptions du mont Etna,
dont l'Histoire parle, font les suivantes. Avant
l'Ere Chrétienne, quatre; savoir, en 3525.
3538. 3454. 3843; & vingt-sept éruptions

EN retournant de Meſſine à Naples, nous eûmes un calme de trois jours au milieu des îles de Lipari ; j'eus par là occaſion de reconnoître évidemment qu'elles ont toutes été formées par ex-ploſion (*a*) : celle qu'on appelle *Vulcano*

---

après J. C. ; ſavoir, en 1175. 1285. 1321. 1323. 1329. 1408. 1530. 1536. 1537. 1540. 1545. 1554. 1556. 1566. 1579. 1614. 1634. 1636. 1643. 1669. 1682. 1689. 1692. 1702. 1747. 1755. 1766.

Les ſuivantes ſont les dates des éruptions du Véſuve après J. C. 79. 103. 472. 512. 685. 993. 1036. 1043. 1048. 1136. 1506. (1538. éruption à Pozzuoli). 1631. 1660. 1682. 1694. 1701. 1704. 1712. 1717. 1730. 1737. 1751. 1754. 1760. 1766. 1767. 1770. 1771.

(*a*) Pline, au chapitre 9 de ſon troiſieme Livre de l'Hiſtoire Naturelle, quand il traite de ces Iles, paroît confirmer cette opinion.

Lipara cum civium Romanorum oppido, dicta à Lipara Rege, qui ſucceſſit Æolo,

est dans le même état que la Solfaterra.
Stromboli est un Volcan existant dans
toute sa force, & par conséquent dans
la forme la plus pyramidale de toutes
ces îles ; nous vîmes fréquemment des
pierres toutes en feu lancées de son cratere, & quelques laves, qui sortant du

---

*anteà Melogonis vel Meliganis vocitata,
abest 12 millia pass. ab Italiâ, ipsa circuitu
paulo minori. Inter hanc & Siciliam altera,
anteà Therasia appellata, nunc Hiera ; qui
sacra Vulcano est, colle in eâ nocturnas evo-
mente flammas. Tertia Strongyle, à Lipara
millia passuum ad exortum solis vergens,
in quâ regnavit Æolus, quæ à Lipara liqui-
diore flamma tantùm differt : e cujus fumo
ecquinam flaturi sint venti, in triduum præ-
dicere incolæ traduntur ; unde ventos Æolo
paruisse existimatum. Quarta Didyme ,
minor quàm Lipara. Quinta Ericusa. Sexta
Phænicusa ; pabulo proximarum relicta. No-
vissima eademque minima, Evonymos.*

côté de la montagne, alloient se rendre à la mer. Ce Volcan differe de l'Etna & du Vésuve, en ce qu'il jette continuellement du feu, & rarement de la lave. Malgré ces continuelles explosions, cette île est habitée d'un côté d'environ cent familles.

Voila, Monsieur, autant que ma mémoire a pu le fournir, toutes les observations que j'ai faites, relativement aux Volcans, dans mon dernier voyage de Sicile, & qui puissent me paroître intéressantes ; je m'estimerai heureux si cette lecture peut vous amuser, & ceux de nos compatriotes qui cultivent l'Histoire Naturelle.

Je suis, avec l'estime la plus profonde,

Monsieur,

Votre très-humble &
très-obéissant serviteur,
William Hamilton.

LETTRE

LETTRE V.

A M. MATY M. D. Secrétaire de la Société Royale.

REMARQUES sur la nature du sol de Naples & de ses environs.

Mille miracula movet, faciemque mutat locis,
& deserit montes, subrigit plana, valles
extuberat novas, in profundo insulas erigit.
SENECA, DE TERRÆ MOTU.

A Naples, ce 16 Octobre 1770.

MONSIEUR,

SI j'en crois votre impatience, je ne perds pas mon temps à vous envoyer, comme je le fais depuis six ans, une suite

K

d'Obſervations ſur les environs de cette
capitale, à la diſtance d'environ vingt
milles ou davantage. J'accompagne ces
Obſervations d'une carte du pays, que
je décris, & des différentes matieres qui
compoſent ce pays; ainſi je ne doute
point que vous ne ſoyez convaincu,
comme moi, que tout le terrein auquel
j'ai borné mes remarques, & dont le
circuit eſt marqué dans ma carte, ne ſoit
totalement une production de feux ſouterrains, & qu'il ne ſoit auſſi très-probable que la mer a baigné le pied de
ces montagnes ſituées derriere Capoue
& Caſerte, & qui ſont une continuation
des Appennins. S'il m'étoit permis de
comparer de petites choſes aux grandes,
je dirois que ces feux ſouterrains ont travaillé dans ce pays, ſous le ſein de la
mer même, comme les taupes travaillent dans les champs, en ſoulevant çà
& là de petits monticules, & que la

matiere foulevée de quelques-uns de ces monticules, formés dans les Volcans déjà établis, rempliffant l'efpace qui eft entre eux, a compofé cette partie du continent, & plufieurs des îles voifines (a).

D'APRÈS les obfervations exactes que j'ai faites fur le mont Etna, le Véfuve & fes environs, j'ofe dire que la plupart des montagnes qui font ou ont été des Volcans, doivent fans doute leur exif- tence à des feux fouterrains, quoique cette affertion foit directement oppofée à l'opinion reçue fur ce point.

LA Nature, quoique variée, eft gé- néralement uniforme dans fes opérations: ainfi je ne faurois concevoir comment des Volcans, auffi confidérables que l'Etna & le Véfuve, auroient été formés

---

(a) Voyez la Note XVII.

différemment que les autres Volcans les plus remarquables du monde connu. Je ne suis pas surpris qu'on ait fait si peu de progrès dans l'Histoire Naturelle, & singuliérement dans cette branche, qui regarde la théorie de la terre : la Nature travaille lentement, & il est difficile de la prendre sur le fait ; ceux qui ont fait de cet objet le but de leurs travaux, n'ont pas craint d'embrasser à la fois l'Histoire Naturelle de toute une Province, ou même d'un continent tout entier, sans faire réflexion que la plus longue vie d'un homme est encore un temps bien court pour l'Histoire exacte du plus petit insecte.

Je sais, Monsieur, à quoi je m'engage, en entreprenant de vous donner des détails, même très-imparfaits, sur la nature du sol qui s'étend jusqu'à vingt milles de Naples, & même davantage.

Mais j'ose me flatter que mes remarques, telles qu'elles sont, pourront être de quelque usage à ceux qui auront le loisir & la volonté de se livrer au même genre d'observations. Le royaume des deux Siciles offre à cet égard le champ le plus intéressant qui soit dans l'Univers ; c'est là qu'on voit des Volcans agissant encore avec toute leur force, quelques - uns sur le déclin, & d'autres totalement éteints (a).

Pour commencer avec quelque ordre, ce qui ne laisse pas d'être difficile, au milieu de l'extrême variété des matieres qui s'offrent à mon esprit, j'exposerai d'abord la base sur laquelle je fonde toutes mes conjectures : cette base est d'abord la nature du sol qui couvre les anciennes villes d'Herculaneum & de

----

(a) Voyez la Note XVIII.

K iij

Pompeii, ensuite la forme intérieure &
extérieure de la nouvelle montagne,
près de Puzzole, avec le genre de matieres dont elle est composée. On ne
peut nier qu'Herculaneum & Pompeii
n'aient été autrefois sur la surface du
terrein, quoiqu'actuellement la premiere
soit, dans sa moindre profondeur, à 70
pieds sous cette même surface, & quelquefois jusqu'à 120 pieds ; & que la seconde soit aussi ensevelie à 10 ou 12
pieds de profondeur, plus ou moins.
Nous savons, par les détails très-exacts
que Pline le Jeune a donnés à Tacite,
& par les Relations des autres Auteurs
contemporains, que ces deux villes furent ensevelies par une éruption du mont
Vésuve, sous l'Empire de Titus : ainsi il
est hors de doute que toute cette matiere
qui se trouve entre les villes dont je
parle, & la surface du terrein qui les
couve, doit avoir été produite depuis

l'an 79 de l'Ere Chrétienne, époque de cette formidable éruption.

POMPEII, qui est située à une distance du Volcan beaucoup plus considérable que celle d'Herculaneum, n'a éprouvé que les effets d'une seule éruption : elle est couverte de pierres ponces, mêlées de fragmens de laves & de matieres brûlées de grandeur inégale ; les ponces sont très-légeres ; mais j'ai trouvé quelques-uns de ces fragmens de lave & de cendres, qui pesoient jusqu'à huit livres ; & j'ai été frappé d'admiration, de voir que des corps aussi pesans aient été élancés dans l'air jusqu'à une aussi grande distance ; car Pompeii est au moins éloignée de cinq milles, en ligne droite, de la bouche du Vésuve. Chaque observation est une nouvelle preuve de cette pluie soudaine qui tomba sur l'infortunée ville de Pompeii, & de l'impossibilité où se trouverent les habitans de fortir de leurs maifons; car dans plufieurs de celles qui ont été déblayées jufqu'à préfent, on a trouvé des fquelettes, quelques-uns avec des anneaux, des pendans d'oreilles & des bracelets d'or. J'ai été préfent à la découverte de plufieurs fquelettes humains. Il y a environ deux ans que je vis à Pompeii, fous une voûte, les os d'un homme & d'un cheval, qui venoient d'être découverts, ainfi que des pieces de harnois, qui étoient ornées de pierres fauffes, montées en bronze. Les crânes de quelques-uns de ces fquelettes trouvés dans les rues, avoient été évidemment brifés par la chute des pierres. Les excavations ordonnées par Sa Majefté Sicilienne, fe bornent actuellement à ce lieu feul; & les amateurs de l'antiquité doivent attendre déformais, d'une mine auffi riche, des matieres importantes, fufceptibles de differtations; pour moi, je me bornerai aux seules observations qui ont rapport à mon objet.

SUR la couche de pierres ponces, & d'autres matieres brûlées qui couvrent Pompeïi, il se trouve une couche de terre végétale, dont l'épaisseur est d'environ deux pieds, & quelquefois davantage. Les vignes y viennent très-bien, excepté dans certains endroits où elles sont sujettes à être brûlées par des vapeurs invisibles, appelées *mofete* dans le pays, qui s'élevent dessous la matiere brûlée. Cette pluie de pierres ponces, selon que j'ai observé, s'étendit jusqu'au delà de Castel-a-Mare, ensevelit Stabia, ancienne ville située près de celle dont je viens de parler, & couvrit une étendue de pays, qui n'a pas moins de trente milles de circuit. Ce fut à Stabia que Pline l'Ancien perdit la vie; & cette pluie de pierres ponces est très-bien dé-

crite par Pline le Jeune. Depuis ce temps-
là, peu de matieres sont parvenues jufqu'à dans ces cantons. Je dois cependant
obferver que le pavé des rues de Pompeii eft de lave, & que fous les fondemens de la ville même il y a une couche
profonde de lave & de matieres brûlées.
Ces obfervations, jointes à celles dont
je parlerai dans la fuite, prouvent invin-
ciblement qu'il y a eu des éruptions du
Véfuve bien antérieures à celles de l'année 79, qui eft la premiere dont l'Hiftoire ait fait mention.

Il eft aifé de rendre raifon de la formation du terrein propre à la culture.
Celui qui a vifité les ruines des anciens
édifices, n'a-t-il pas vu fouvent un arbrif-
feau verd & fleuri dans un bon terrein,
fur le haut d'un vieux mur? J'en ai remarqué plufieurs fur les ruines les plus confidérables de Rome, & ailleurs. Mais le

terrein qui s'est formé au dessus de ces
ponces arides qui couvrent Pompeii,
m'ont donné lieu de faire une observation curieuse. En examinant les entaillés,
& les chemins creux formés par les courans d'eau, dans le voisinage du Vésuve
& des autres Volcans, j'ai remarqué qu'il
se trouve fréquemment une couche d'excellente terre, plus ou moins profonde,
entre les matieres produites par l'explosion de différentes éruptions qui se font
succédées (a), & j'ai pensé naturellement

(a) L'Abbé Giulio Cesare Braccini décrit
très-élégamment, dans sa Description de l'é-
ruption du Vésuve de 1631, une observation
de la même nature, qu'il fit. Après avoir décrit particuliérement les différentes couches
de la matiere produite par l'éruption, & qui
sont les unes sur les autres, il dit : *Parendo
appunto, che la Natura ci abbia voluto las-
ciare scritto in questa terra Tutti gl' incendii
memorabili raccontati dagli Autori.*

qu'une telle couche avoit été produite de la même maniere que celle qui se trouve sur les ponces de Pompeï. Par-tout où cette couche de bon terrein est épaisse, il m'a paru évident qu'il s'étoit écoulé un grand nombre d'années entre une éruption & celle qui lui a succédé. Je ne prétends pas dire pour cela qu'on puisse établir, d'après cette observation, un calcul exact sur l'antiquité des Volcans; mais seulement que ce calcul peut aller jusqu'à un certain terme : par exemple, si une nouvelle explosion de pierres ponces couvroit de rechef le lieu sur lequel Pompeï est enseveli, cette couche d'excellent terrein, dont j'ai déjà parlé, se trouveroit très-certainement entre deux lits de pierres ponces; & si un tel phénomene étoit arrivé il y a mille ans, cette couche de bon terrein n'auroit pas, à beaucoup près, une épaisseur aussi considérable, parce que la destruction des

végétaux, & la culture, augmentent continuellement la couche de terrein propre
à être cultivée : ainsi, dès que je trouve
une suite alternative de différentes couches de pierres ponces, & de matiere
brûlée semblable à celle qui couvre Pompeii, mêlée avec une couche d'un sol
très-riche, d'une épaisseur tantôt plus,
tantôt moins considérable, il me semble
que je puis en conclure raisonnablement,
que l'ensemble a été la production d'une
nombreuse suite d'éruptions, occasionnées par des feux souterrains. Par le volume & la pesanteur des ponces, & des
fragmens de matiere brûlée, effet des
éruptions dans ces couches, il est aisé de
les suivre, en remontant jusqu'à leur
source ; ce que j'ai fait plus d'une fois
dans le voisinage de Puzzole, où les
explosions ont été fréquentes, la diminution graduelle dans la quantité, & le
volume de ces matieres, dans les cou-

ches dont j'ai parlé, depuis Pompeii jusqu'à Castel-a-Mare, est très sensible, en ayant trouvé de huit livres pesant à Pompeii, pendant qu'à Castel-a-Mare les plus grandes ne pesent pas une once (*a*).

La matiere qui couvre l'ancienne ville d'Herculaneum, n'est pas le produit d'une seule éruption : il y a des marques évidentes, que la matiere de six éruptions a pris son cours sur celle qui est immédiatement au dessus de la ville, & qui occasionna sa destruction. Ces couches sont composées ou de laves, ou de matieres brûlées, avec des sillons de bon terrein dans leur intervale. La couche de matiere produite par éruption, qui couvre immédiatement la ville, & dont le théatre & la plupart des maisons sont remplis, n'est pas cette matiere grossiérement vitrifiée, appelée *lave*, mais une sorte de

(*a*) Voyez la Note XIX.

pierre tendre, composée de ponces, de
cendres & de matiere brûlée; elle est
exactement de même nature que celle
qu'on appelle ici *pierre de Naples* : les
Italiens la distinguent par le nom de
tufa, & ils s'en servent ordinairement
pour bâtir. Sa couleur en général est
celle de notre *frée-stone* ; mais elle est
quelquefois teinte de gris, de vert & de
jaune; les ponces dont elle abonde va-
rient en volume & en dureté.

CE qu'il y a de plus remarquable dans
la composition du tufa, me paroît être
cette belle matiere brûlée, nommée *puz-
zolane*, dont les parties se lient si parfaitement, & sont si utilement employées
comme ciment; qualités reconnues par
Vitruve (a), qui ne peuvent se rencon-

(a) Voici les paroles de cet Auteur, *liv. II*,
chap. 6.

DE PULVERE PUTEOLANO.

Est etiam genus pulveris, quod efficit

trer que dans les pays qui ont été tra-
vaillés par des feux souterrains. C'est,

---

*naturaliter res admirandas, naſcitur in re-
gionibus Baïanis, & in agris municipiorum,
quæ ſunt circà Veſuvium montem, quod
commixtum cum calce & cæmento non modo
cæteris ædiſiis præſtat firmitates, ſed etiam
moles, quæ conſtruuntur in mari, ſub aquâ
ſolideſcunt. Hoc autem fieri hâc ratione
videbitur, quòd ſub his montibus & terra
ferventes ſunt fontes crebri, qui non eſſent,
ſi non in imo haberent, aut de ſulfure,
aut alumine, aut bitumine ardentes maxi-
mos ignes : igitur penitus ignis, & flammæ
vapor per intervenia permanens, & ardens,
efficit levem eam terram, & ibi qui naſcitur
tophus, exugens eſt, & ſine liquore : ergò
cum tres res conſimili ratione, ignis vehe-
mentiâ formatæ in unam pervenirent mixtio-
nem, repente recepto liquore una cohæreſcunt,
& celeriter humore duratæ ſolidantur, neque
eas fluctus, neque vis aquæ poteſt diſſolvere.*

Aux environs de Baïa, de Puzzoli, & de

je

je crois, une espece de chaux préparée
par la nature. Mêlée avec de l'eau, de

Naples, nous avons les moyens de remarquer
la vérité de ces dernieres paroles. La plupart
des pierres de l'ancien port de Puzzole, vulgairement appelé *Pont de Caligula*, & qui
sont composées de briques jointes avec cette
espece de ciment, subsistent toujours dans la
mer, quoiqu'elles soient exposées à l'action
des flots; & sur toutes les parties du rivage
on trouve de grandes masses de murs de
briques arrondies & polies par le frottement
de la mer, les briques & le mortier ne faisant qu'un seul corps, & ressemblant à des
pierres variées. De grandes pieces d'anciens
murs sont souvent coupées en carré, & on
les emploie dans les édifices modernes au
lieu de pierres.

Peu après la premiere citation, Pline dit :
Si ergo in his locis aquarum ferventes inve-
niuntur fontes, & in montibus excavatis
calidi vapores, ipsaque loca ab antiquis
memorantur pervagantes in agris habuisse

L

grandes ou petites pierres ponces, de
fragmens de lave & de matiere brûlée,
on peut croire qu'elle se durcit en formant une telle pierre (*a*); & comme l'eau

---

*ardores, videtur esse certum ab ignis vehe-
mentiâ ex topho terrâque, quemadmodùm
in fornacibus & à calce, ita ex his ereptum
esse liquorem. Igitur dissimilibus, & dispa-
ribus rebus correptis, & in unam potestatem
collatis, calida humoris jejunitas aquâ repente satiata, communibus corporibus latenti
calore confervescit, & vehementer efficit ea
coire celeriterque unà soliditatis percipere
virtutem.*

(*a*) Scipione Falcone, très-bon Observateur, dans son *Discorso Naturale delle cause, ed effetti del Vesuvio*, dit qu'il a vu,
après l'éruption du Vésuve en 1637 (laquelle
fut accompagnée d'eau chaude), le limon se
durcir presque au degré des pierres en peu
de jours. Voici ses paroles : *Fatta dura a
modo di calcina, e di pietra, non altrimenti*

accompagne fréquemment les éruptions du feu (comme on le verra dans les détails où j'entrerai sur la formation de la nouvelle montagne aux environs de Puzzole), je suis convaincu que la première matiere qui sortit du Vésuve & couvrit Herculaneum, étoit dans l'état d'un limon liquide. Un fait extrêmement favorable à mon opinion, c'est la découverte de la tête d'une statue antique qu'on a déterrée dans le théatre d'Herculaneum ; l'impression des traits du visage subsiste encore aujourd'hui dans le tufa, & pourroit servir de moule pour les plâtres de

---

di cenere , perchè dopo alcuni giorni vi ci à caminato per soprà è si è conosciuta durissima , che ci vogliono li piconi per romperla. Ce détail , joint aux autres rapportés dans cette Lettre , rend très-probable , que tous les tufas , dans le voisinage du Vésuve , ont été formés par une opération semblable.

Paris, étant auffi parfaite qu'aucun des moules que j'aye jamais vus. On peut tirer la même conclufion de la parfaite reffemblance de cette matiere, ou de ce tufa, qui couvre Herculaneum, avec les tufas dont les terreins profonds de Naples & de ses environs font compofés. J'ai détaché un morceau de ce tufa d'avec un autre qui y avoit été appliqué, & qui s'y étoit incorporé : c'eft un fragment de ftuc peint, de l'intérieur du théatre d'Herculaneum ; & je vous l'enverrai, Monfieur, pour que vous puifliez l'examiner (*a*). Il eft très-différent, comme vous verrez, de cette matiere vitrifiée, appelée *lave*, qui, felon l'opinion générale, a détruit Herculaneum. Le vil-

---

(*a*) Ce morceau eft maintenant dans le Mufeum de la Société Royale, avec beaucoup d'autres dont j'ai fait mention dans cette Lettre.

lage de Refina, & quelques maifons de campagne, font actuellement bâtis fur cette ville infortunée.

POUR rendre raifon de cette extrême différence entre les matieres qui couvrent Herculaneum, & celles fous lefquelles Pompeii eft enfevelie, j'ai fouvent penfé que dans l'éruption de 79 la montagne doit s'être ouverte en plus d'un endroit; un paffage de la Lettre de Pline le Jeune à Tacite, femble l'indiquer : *Interim à Vefuvio monte pluribus locis latiffimæ flammæ, atque incendia relucebant, quorum fulgor & claritas tenebras noctis pellebat.* De forte qu'il eft très-probable que la matiere qui couvre Pompeii, fortit d'une bouche, ou d'un cratere beaucoup plus voifin de cette ville que ne l'eft la grande bouche du Volcan, d'où vint la matiere qui couvre Herculaneum: cependant l'une & l'autre matiere doivent paffer

L iij

également pour une production du Vésuve précisément, comme l'éruption de
1760, qui fut entiérement indépendante
du grand cratere, dont elle étoit éloignée
de quatre milles, & qu'on appelle pourtant, à juste titre, une éruption du Vésuve.

Dans le commencement des éruptions, les Volcans vomissent fréquemment de l'eau mêlée avec des cendres:
c'est ce qui arriva dans l'éruption du Vésuve de 1631, d'après le témoignage
de plusieurs Ecrivains contemporains. Le
même fait se présenta avec les mêmes
circonstances en 1669, selon le rapport
d'Ignazio Sorrentino. Son Histoire du
mont Vésuve, imprimée à Naples en
1734, décele un Observateur très-exact
des phénomenes de ce Volcan. Il étoit
établi à *Torre del Greco*, situé auprès
du Vésuve; ainsi il étoit très à portée
de faire de bonnes observations. Au com-

mencement de la formation de la nouvelle montagne, près de Puzzole, l'eau
fut élancée avec les cendres, comme
vous le verrez dans deux descriptions
particulieres & très-curieuses de la formation de cette montagne ; descriptions
que je vais vous communiquer dans la
suite de cette Lettre. En 1755, l'Etna
fit sortir de son sein une certaine quantité d'eau, dès le commencement de
l'éruption, comme je l'ai remarqué dans
la Lettre que je vous écrivis l'année derniere, Monsieur, au sujet de ce superbe
Volcan (a). Villoa n'a pas oublié non
plus cette même circonstance, que l'eau
accompagne les éruptions des Volcans
en Amérique. Toutes les fois donc que
je trouve un tufa exactement composé
comme celui qui couvre immédiatement Herculaneum, & qui est un

------

(a) Lettre V.

L iv

produit du Vésuve, comme il n'est pas possible d'en douter; j'en conclus qu'un pareil tufa a été produit par l'eau mêlée avec la matiere de l'éruption, dans le même temps d'une explosion causée par les feux souterrains: cette observation, selon moi, sera d'un usage plus étendu que tout autre, dans l'indication des parties de cette terre ferme actuelle, qui est le produit des explosions. Je suis convaincu qu'il est souvent arrivé que les feux & les exhalaisons que la terre recele dans ses entrailles, après avoir été renfermés & emprisonnés pendant quelque temps, & avoir été la cause des tremblemens de terre, ont enfin forcé le passage, &, dans le temps de leur évaporation, ont produit des montagnes avec ces mêmes matieres par lesquelles elles étoient retenues: vous verrez que le cas arriva près de Puzzole en 1538; il doit être encore arrivé en plusieurs autres endroits du voisinage, d'après les signes certains, sans que pour cela il en soit résulté un Volcan régulier. Les matieres de semblables montagnes annoncent peu qu'elles doivent leur naissance au feu, aux yeux de ceux qui sont peu accoutumés à faire des observations sur la différente nature des Volcans.

S'il étoit permis de faire une comparaison entre la terre & le corps humain, on pourroit considérer un pays rempli de ces matieres combustibles, qui créent les explosions (& tel est le cas de ce pays), comme un corps rempli de mauvaises humeurs. Lorsque ces humeurs se rencontrent dans quelque partie où elles forment une grande tumeur, mais d'où elles puissent s'évacuer librement, le corps est moins travaillé ; mais lorsque, par un concours de circonstances, les humeurs sont arrêtées & ne peuvent trouver passage dans leur canal ordinaire, le corps est agité, & quoique les tumeurs se soient promenées dans différentes parties du corps, elles ne tardent pas à revenir dans leur premier canal. Tel on peut concevoir le Vésuve, c'est-à-dire, comme un grand canal actuel, à travers duquel la Nature évacue les mauvaises humeurs de la terre : lorsque ces humeurs sont arrêtées par quelque obstruction, ou quelque autre accident arrivé au canal, & qui dure un certain temps, les tremblemens de terre sont fréquens dans le voisinage, & on doit en appréhender les explosions, même à une certaine distance ; ce qui arriva au Vésuve en 1538, après 400 ans de repos. Il n'avoit éprouvé aucune éruption qui partît du grand cratere, depuis l'année 1139 jusqu'à la grande éruption de 1631. Le sommet de la montagne n'avoit laissé paroître aucun signe de feu. Il n'est pas étranger à mon sujet, & il est même utile de prouver à quel point se sont trompés ceux qui placent le siége principal du feu au centre, ou vers le sommet du Volcan (*a*). Je vous donnerai donc la description curieuse de l'état du grand cratere du Vésuve, après un repos ou une cessation d'éruption de 492 ans : & je suivrai Bracini, qui y descendit avant l'éruption de 1631.

LE cratere avoit alors cinq milles de circonférence, & environ mille pas de profondeur : ses côtés étoient couverts d'arbrisseaux, & le fond étoit une plaine où paissoit le bétail. Les endroits couverts de bois étoient ordinairement peuplés de sangliers : au milieu de la plaine, qui formoit le fond du cratere, étoit un passage étroit, au travers duquel, par un sentier tortueux, on pouvoit descendre

____

(*a*) Voyez la Note XX.

environ un mille sur des rochers & des
pierres, jusqu'à ce qu'on se trouvoit dans
une autre plaine plus spacieuse & couverte de cendres. Dans cette plaine
étoient trois petits étangs, placés de maniere qu'ils formoient un triangle ; un
vers le levant, dont l'eau étoit chaude,
corrosive & extrêmement amere ; l'autre
vers le couchant, d'une eau plus amere
que celle de la mer : la troisieme étoit
une eau chaude qui n'avoit aucun goût
particulier.

LE grand accroissement du cône du
Vésuve, depuis ce temps-là jusqu'à ce
jour, fait tirer naturellement cette con-
clusion, que l'ensemble du cône s'est
élevé d'une maniere égale, & que la
partie du Vésuve, appelée *Somma*, qu'on
considere maintenant comme une montagne qui en est distinguée, a été composée de la même maniere : on l'apper-

çoit clairement, en examinant sa forme
intérieure & extérieure, & les couches
de lave & de matiere brûlée dont elle
est composée. Les Anciens, en faisant
la description du Vésuve, ne parlent
jamais de deux montagnes. Strabon,
Dion, Vitruve, tous conviennent sur
ce point, que le Vésuve, de leur temps,
témoignoit par de certains indices qu'il
avoit autrefois brûlé (*a*); & le premier

(*a*) Strabon, dans le premier livre de sa
Géographie, dit : *Suprà hæc loca situs est
Vesuvius mons, agris cinctus optimis :
dempto vertice, qui magnâ sui parte planus,
totus sterilis est, adspectu cinereus, caver-
nasque ostendens fistularum plenas & lapi-
dum colore fuliginoso, ut potè ab igni exe-
sorum, ut conjecturam facere possit ista loca
quondam arsisse, & crateras ignis habuisse,
deinde materiâ deficiente restincta fuisse.*

Dion de Sicile, dans son quatrieme livre,
décrivant le Voyage d'Hercule en Italie, dit :

compare le sommet du cratere à un amphithéatre. Je suis persuadé que la montagne, qu'on appelle maintenant *Somma*, étoit celle que les Anciens appeloient *Vesuvius*. Sa forme extérieure est conique ; & son intérieur, au lieu d'être un amphithéatre, ressemble maintenant à

Phlegræus quoque campus is locus appellatur à colle nimirùm, qui Etnæ instar Siculæ magnam vim ignis eructabat ; nunc Vesuvius nominatur multa inflammationis pristinæ vestigia reservans. Vitruve, dans son chapitre du second livre, dit : *Non minus etiam memoratur antiquitùs brevisse ardores, & abundasse sub Vesuvio monte, & inde evomuisse circà agros flammas.* Tacite, faisant mention de l'éruption du Vésuve sous le regne de Titus, semble supposer également d'anciennes éruptions. *Jam verò novis cladibus, vel post longam sæculorum repetitis afflictæ, haustæ aut abrutæ fæcondissima campaniæ ora & urbs incendiis vastata.*

un grand théatre. Je crois que l'éruption,
du temps de Pline, a abattu cette partie
du cône voisine de la mer, qui l'auroit
naturellement laissée dans son ancien état,
& que la montagne conique, ou le Vésuve actuel, s'est élevée par les éruptions
successives : toutes mes observations confirment cette opinion. J'ai vu d'anciennes
laves sur la plaine, de l'autre côté du
Somma, lesquelles ne peuvent jamais
avoir été une production du Vésuve actuel. Serao, célebre Médecin établi à
Naples, dans l'Introduction de sa Description de l'éruption du Vésuve, en
1737 (Description où la plupart des phénomenes sont bien dépeints & très-bien
expliqués), dit que dans le Couvent des
Dominicains, appelé *la Madonna dell'*
Areo, on découvrit une lave, il y a quelques années, en creusant un puits jusqu'à
cent pieds de profondeur ; que bientôt
après on trouva une seconde lave, ensuite

une troisieme ; enfin, une quatrieme à
moins de trois cents pieds de profondeur;
ce qui indique quatre éruptions. Par la
situation de ce Couvent, il est hors de
doute que ces laves provenoient de la
montagne appelée *Somma*, parce qu'elles
font hors de la portée du Volcan actuellement existant.

D'APRÈS les détails que je viens
de donner, & les observations multipliées dans le voisinage du Vésuve, je
suis assuré qu'on ne sauroit y trouver un
sol vierge, & qu'il est tout composé de
différentes couches de matieres produites
par des éruptions, même à une grande
profondeur au dessous du niveau de la
mer. Enfin je ne doute en aucune maniere que ce Volcan n'ait pris sa naif-
sance du fond de la mer ; & comme
toute la plaine, entre le Vésuve & les
montagnes, derriere Caserte, laquelle
forme

forme la meilleure partie de la Campanie, est sous un sol fertile, & composé
de matiere brûlée, je suis porté à croire
que la mer a lavé le pied de ces montagnes jusqu'à ce que les feux souterrains
aient commencé d'opérer à une certaine
période de temps, qui remonte certainement à la plus haute antiquité (*a*).

Le sol de la Campanie est très-fertile;
j'ai vu la terre ouverte en plusieurs endroits, l'année derniere, au milieu de
cette plaine, lorsqu'on cherchoit des matériaux pour rétablir le grand chemin de
Naples à Caserte. La couche de terrein
végétal étoit en général de l'épaisseur de
quatre ou cinq pieds; au dessous étoit
une couche profonde de cendres, de
ponces, de fragmens de lave, & de cette
matiere brûlée qui abonde auprès du Vé-

____

(*a*) Voyez la Note XXI.

M

fuve, & auprès de tous les Volcans (*a*). Les montagnes, derriere Caferte, font

---

(*a*) Au mois de Janvier 1776, l'Auteur a vu creufer un puits à Caferte, près de la maifon du Marquis Paderno; il avoit 123 pieds de profondeur, & les couches étoient dans l'ordre fuivant :

Terrein riche & végétable, . 8 pieds.
Terrein végétable mêlé de cendres volcaniques, ... 8.
Un tufa brun & dur mêlé de groffes pierres ponces, . . . 27.
Un tufa tendre compofé de matieres volcaniques bien cuites, & de la couleur de cendre, . . 30.
Cendres volcaniques très-fines, & de la même couleur de la couche de tufa qui les couvre, fous lefquelles on trouve l'eau, . . 50.

Cette circonftance confirma l'Auteur dans l'opinion où il étoit, quant à l'origine volcanique de toute la plaine, appelée *Campagna felice.*

la plupart composées d'une espece de
pierre calcaire, très-différente de celles
qui ont été formées par le feu : cependant M. Van-Vitelli, célebre Architecte,
m'a assuré, qu'en faisant creuser les fondemens du fameux aqueduc de Caserte,
au travers de ces montagnes, il a rencontré quelques terreins qui ont été évidemment formés par un feu souterrain.
Toute cette portion de terres élevées,
qui s'étend depuis Castel-à-Mare jusqu'à
la pointe de Minerva, vers l'île de Capri,
& depuis le Cap, qui divise la baie de
Naples de celle de Salerne, est de pierre
calcaire ; la plaine de Sorento, qui est
terminée par ces collines, en commen-
çant au village de Vico, & finissant à
celui de Massa, est entièrement composée
de la même espece de tufa que celui des
environs de Naples, excepté que les
cendres ou les pierres ponces qui y sont
mêlées, sont d'un volume plus considé-

M ij

rable que celui du tufa de Naples. J'en
conclus donc qu'il y eut une explosion
dans ce lieu, née du sein de la mer.
Cette plaine est extrêmement fertile ; ce
qui arrive, comme je l'ai déjà remarqué,
à tout sol produit par des feux souterrains, pendant que le terrein qui l'environne, & qui est d'une autre nature,
n'est pas de la même fertilité (*a*). L'île de
Capri ne donne aucun signe d'avoir été
formée par des feux souterrains ; mais
elle est de la même nature que les collines élevées, dont j'ai déjà parlé, &
dont elle a probablement été détachée
par des tremblemens de terre, ou par la
violence des vagues. Rovigliano, île, ou
plutôt rocher dans la baie de Castel-à-
Mare, est aussi de pierre calcaire, &
paroît avoir appartenu aux montagnes
de son voisinage. Dans quelques-unes de

(*a*) Voyez la Note XXII.

ces montagnes on voit des poiſſons pétrifiés, & des coquilles foſſiles, que je
n'ai jamais rencontrés dans les montagnes que j'ai dit avoir été formées par des
exploſions (*a*).

Vous connoiſſez maintenant, Monſieur, la nature du ſol depuis Capri
juſqu'à Naples. Le ſol ſur lequel a été
bâti cette grande capitale, a été produit
évidemment par des exploſions, dont

(*a*) Bracini, dans ſon Hiſtoire de l'éruption de 1631, dit qu'il a trouvé pluſieurs
eſpeces de coquilles marines ſur le Véſuve
après cette éruption; & le P. Ignazio, dans
ſa Relation de la même éruption, dit que
lui & ceux qui l'accompagnoient, ramaſſe-
rent auſſi dans ce temps-là pluſieurs coquilles
ſur la montagne. Cette circonſtance conduit
à croire que l'eau, lancée du Véſuve pendant cette formidable éruption, venoit de la
mer.

M iij

quelques-unes semblent avoir existé sur
le lieu même où elle est : tous les lieux
élevés des environs de Naples, Pausilippe, Puzzole, Baïe & Misene, les îles
de Procida & d'Ischia, paroissent avoir
été élevés par des explosions. Vous
observerez toujours, dans la plupart de
ces hauteurs, la forme conique qui leur
a été donnée dans le principe, & même
les crateres par où la matiere est sortie.
Quelques - unes de ces hauteurs ont
éprouvé de si grands changemens par le
laps de temps, qu'elles permettent seulement de conjecturer qu'elles furent élevées de la même maniere, leur composition étant précisément la même que
celle de ces montagnes qui ont toujours
conservé leur forme conique & leurs crateres. Un tufa parfaitement semblable au
morceau que j'ai pris dans l'intérieur du
théatre d'Herculaneum ; des fragmens de
ponces mêlés avec des parties de bonne

terre, tout à fait semblables à ceux qui
se trouvent sur Pompeï, & des laves
semblables à celles du Vésuve, composent tout le sol du pays qui me reste à
décrire.

La fameuse grotte creusée autrefois
au travers de la montagne de Pausilippe,
pour faire un grand chemin de Naples
à Puzzoli, permet d'observer que tout
l'intérieur de cette montagne n'est composé que de tufa. Le premier cratere évident que vous rencontrez après
avoir passé la grotte de Pausilippe, est
maintenant le lac d'Agnano. Un reste
léger de feux souterrains, qui doivent
probablement avoir formé le grand bassin
du lac, & élevé les collines qui forment
tout autour une espece d'amphithéatre,
sert à échauffer des chambres, dont les
Napolitains font grand usage en été pour
la guérison de diverses maladies, par le

moyen d'une forte tranfpiration. Ce lieu eft appelé *il Sadatorio dit S. Germano* (les Etuves de S. Germain). Auprès des bains actuels, qui ne font que de petites chaumieres, font les ruines de magnifiques bains antiques. A cent pas de là eft la grotte du Chien; je n'en parle que comme d'une preuve nouvelle de probabilité, que le lac d'Agnano a été un Volcan; car les vapeurs pernicieufes de la grotte du Chien font les mêmes que celles qu'on trouve fréquemment dans le voifinage de l'Etna & du Véfuve, furtout dans le temps qui précede ou qui fuit immédiatement les grandes éruptions : ces vapeurs invifibles ayant continué conftamment dans leur même degré de force, pendant tant de fiecles, dans la grotte du Chien (*a*) (car Pline en fait men-

---

(*a*) Il obferve, liv. XI, chap. 93, qu'aux environs de Sinueffe & de Puzzoli : *Spira-*

tion), different par-là sensiblement des vapeurs du voisinage du Vésuve & de l'Etna, qui ne sont pas constantes. Le cône qui forme l'extérieur de ce lieu élevé, que je crois avoir été un Volcan, est encore parfait dans plusieurs de ses parties (a).

VIS-A-VIS la grotte du Chien, & à la suite du lac immédiatement, s'éleve la montagne appelée *Astruni*, qui n'ayant

---

cula vocant..... *Alii claroneas scrobes mortiferum spiritum exhalentes*, Séneque, Nat. Quæst. lib. VI, cap. 28. *Pluribus Italiæ locis per quædam foramina pestilens exhalatur vapor, quem non homini ducere, non feræ turum est. Aves quoque, si in illum inciderint, antequam cœlo meliore leniantur, in ipso volatu cadunt, liventque corpora, & non aliter quàm per vim elisæ fauces tument.*

(a) Voyez la Note XXIII.

été, je l'imagine, formée que par une explosion beaucoup plus récente, conserve le cône conique, & tout ce qui appartient à un Volcan, à un plus haut degré de perfection que tous ceux que j'ai décrits : le cratere d'Astruni est environné d'une muraille, pour y enfermer des sangliers & des bêtes fauves ; ce Volcan ayant été converti en parc pour la chasse du Roi, depuis plusieurs années. Il a environ six milles ou davantage de circonférence : dans la plaine qui est au fond du cratere, il y a deux lacs ; quelques Livres font aussi mention d'une source chaude, mais je n'ai jamais pu la trouver. On observe de grands rochers de lave dans le cratere d'Astruni, & j'en ai aussi trouvé dans celui d'Agnano. Les cônes de ces deux Volcans font composés de tufa, de couches, de pierres ponces peu adhérentes les unes aux autres, de fragmens de lave, & d'autres

matieres brûlées, exactement semblables
à celles du Vésuve. Barthélemi Fatius,
qui a écrit l'Histoire du Roi Alphonse I,
avant que la montagne nouvelle (*monte
nuovo*) eût été formée près de Puzzole,
conjecture qu'Astruni a été un Volcan.
Voici ses paroles : *Locus Neapoli qua-
tuor millia paffuum proximus , quem
vulgo Liftroneæ volant, nos unum è
Phlegræis campis ab ardore nuncupan-
dum putamus.* Il n'y a qu'une seule entrée dans le cratere, soit d'Astruni, soit
d'Agnano ; encore est-il évident qu'elle
est l'ouvrage de l'Art. Toutes les deux
répondent exactement à la description
que Strabon a faite de l'Averne ; on peut
dire la même chose de Solfaterra & du
mont Gauro ou Barbaro , ainsi qu'on
l'appelle quelquefois, dont je vais actuellement donner la description.

Près d'Astruni, & vers la mer, s'éleve

la Solfaterra, qui non seulement a conservé son cône & son cratere, mais encore beaucoup de sa chaleur primitive.
Dans la plaine qui est au dedans du
cratere, la fumée sort de plusieurs endroits, ainsi que de ses parois : là, par
le moyen des pierres & des tuiles qu'ils
amoncelent sur des crevasses, au travers
desquelles passe la fumée, ils recueillent,
d'une maniere qui témoigne peu d'intelligence, ce qu'ils appellent sel ammoniac, & du sable de la plaine ils retirent
le soufre & l'alun. Si l'administration de
ce lieu étoit bien entendue, il produiroit
certainement un grand revenu : mais
je doute qu'on en ait retiré jusqu'à présent deux cents livres sterling par an. La
profondeur du son que produit la chute
d'une pierre pesante sur la plaine du cratere de la Solfaterra, semble indiquer
qu'elle est soutenue par une espece de
voûte naturelle, à plusieurs arceaux ; &

il est naturel de penser qu'au dessous de cette voûte il y a un lac qui bout par la chaleur d'un feu souterrain beaucoup plus profond : tant il sort de vapeurs humides des fentes de la plaine, lesquelles, comme celles de l'eau bouillante, coulent à grosses gouttes le long d'une épée ou d'un couteau qu'on y présente. Au pied de la surface intérieure du cône de la Solfaterra, vers le lac d'Agnano, il coule des rochers une eau si chaude, qu'elle suffit pour élever le mercure du thermometre de Farrenheit au degré de l'eau bouillante (*a*); fait dont j'ai été

(*a*) J'ai remarqué, qu'après des pluies abondantes, le degré de chaleur de cette eau est beaucoup moindre ; ce qui se rapporte avec ce que dit le Pere Della Torre dans son Histoire & Phénomenes du Vésuve, que, lorsqu'il examina cette eau avec M. de la Condamine, le degré de chaleur au thermometre de Réaumur étoit 68.

témoin oculaire. Ce lieu, très-digne de
l'obfervation des curieux, a été fort peu
examiné : on l'appelle *Pifciarelli*. Le
bas peuple de Naples a une grande confiance dans l'efficacité de cette eau, &
en fait grand ufage dans toutes les maladies cutanées, ainfi que dans une autre
maladie qui domine dans ce climat-ci;
il femble qu'elle foit minéralifée par le
foufre & l'alun : lorfqu'on met l'oreille
près des rochers de Pifciarelli, d'où for-
tent ces eaux, on entend un bouillonnement effrayant, femblable à celui qui
fortiroit d'une profonde chaudiere, qu'on
peut imaginer fous la plaine de la Solfaterra. De l'autre côté de la Solfaterra,
on voit un rocher qui communiquoit autrefois avec la mer dont il eft voifin, mais
qui a été coupé en partie pour faire le
grand chemin qui conduit à Puzzole.
C'étoit indubitablement une lave confidérable qui coula de la Solfaterra, lorf-

qu'elle étoit encore un Volcan dans toute son activité. Sous ce rocher de lave, qui est élevé de plus de 70 pieds, il y a une couche de pierres ponces & de cendres. Cette ancienne lave est large d'environ un quart de mille ; on la rencontre tout à coup avant de voir Puzzole, & elle finit brusquement à environ cent pas de la ville. J'ai souvent pensé qu'on pourroit, après un mûr examen, accorder la même origine à plusieurs masses de pierre, quoique le temps y ait effacé tous les signes des Volcans qui les ont produites. Excepté ce rocher, qui est évidemment une lave, & pleine de vitrifications semblables à celles du Vésuve, tous les rochers de la côte de Baïa ne sont que du tufa.

J'ai observé dans la lave du Vésuve & de l'Etna, comme dans celle-ci, que le fond & la surface sont rudes & remplis de pores, comme le laitier ou les scories d'une forge, & qu'à la distance d'environ un pied de la surface & du fond, la matiere n'est pas, à beaucoup près, aussi solide & aussi compacte que vers le centre ; ce qui vient indubitablement de l'action de l'air sur la matiere vitrifiée, lorsqu'elle est en fusion. Je n'ai pas voulu passer sous silence cette circonstance, parce qu'elle peut servir à déterminer la vraie lave avec plus de certitude : l'ancien nom de la Solfaterra étoit *Forum Vulcani* ; forte preuve de son origine due à un feu souterrain. Le degré de chaleur que la Solfaterra a conservé pendant tant de siecles, semble avoir calciné les pierres à l'extrémité de son cône, & dans son cratere ; car elles sont blanches, & deviennent aisément friables dans les endroits les plus chauds.

Nous voici maintenant à la nouvelle montagne

montagne près de Puzzole ; elle est de
formation si récente, qu'elle conserve en
entier sa forme conique, & que la végétation y est très-foible. Son cratere est
presque aussi profond que le cône est
élevé, c'est-à-dire, d'environ un quart de
mille, pris verticalement, & sa forme
présente est celle d'un cône renversé régulier. A la base de cette montagne
nouvelle, dont la circonférence est d'environ trois milles, le sable, sur le bord
de la mer, est d'une chaleur brûlante sur
un espace d'environ cent pas. Si vous
prenez une poignée de ce sable au dessous de l'eau, vous êtes obligé de le
jeter promptement, tant sa chaleur est
excessive.

J'AI désiré long-temps de trouver une
bonne Histoire de la formation de cette
montagne nouvelle, parce qu'en prouvant que cette montagne a été élevée

par une simple explosion, dans une
plaine, je prouverois que toutes les montagnes voisines, qui sont composées des
mêmes matériaux, & qui ont, ou totalement ou en partie la même forme,
ont été élevées de la même maniere, &
que le siege du feu, cause de ces explosions, est une très-grande profondeur,
ce que je dois penser par toutes sortes
de raisons.

HEUREUSEMENT j'ai trouvé depuis
peu deux Relations fort bonnes des phénomenes qui accompagnerent l'explosion qui forma la montagne nouvelle.
Ces deux Relations furent publiées peu
de mois après l'éruption; & comme je
les juge très-curieuses & très-utiles à
mon dessein, & que d'ailleurs elles sont
rares, je vous donnerai ici une traduction
littérale des morceaux qui ont rapport
à la formation du Monte Nuovo. Ces

deux Relations sont reliées en un seul Volume (*a*).

Le titre du premier est : *Dell' incendio di Pozzuolo, Marco Antonio delli Falconi all' Illustrissima Signora Marchesa della Padula, nel 1538.*

Au frontispice de la seconde Relation, on lit : *Ragionamento del Terremoto del nuovo Monte, dell' aprimento di terra in Pozzuolo nell' anno 1538, & della significazione di essi per Pietro Giacomo da Toledo*, & à la fin du Livre, *stampata in Napoli per Giovanni Sulztbach, Alemano, à 21 di Gennaro 1539, con grazia è privilegio.*

Ainsi donc (dit Marco Antonio delli

(*a*) Ce Volume, très-rare, a été présenté par M. le Chevalier Hamilton au Museum Britannique.

Falconi) je vous raconterai simplement & exactement les opérations de la
Nature, desquelles j'ai été moi-même
témoin oculaire, ou dont j'ai entendu
les récits par ceux qui les ont vues. Il
y a exactement deux ans qu'il y eut de
fréquens tremblemens de terre à Puzzole, à Naples, & dans les endroits
voisins. Le jour & la nuit, avant qu'il
y eût aucun signe d'éruption, on sentit,
dans les lieux dont je viens de parler,
plus de vingt tremblemens forts & assez
longs.

L'ÉRUPTION se fit le 29 Septembre
1538, fête de S. Michel Archange :
c'étoit un Dimanche, à une heure de
nuit ou environ. J'ai ouï dire qu'on vit
au même lieu de l'éruption, entre les
bains chauds ou étuves & Tripergoli,
des flammes de feu qu'on apperçut d'a-
bord au dessus des bains, & qui, après

s'être étendues vers Tripergoli, se fixerent dans la petite vallée, entre le Monte Barbaro & le monticule appelé *del Pericolo* (ce qui étoit la route au lac d'Averne & aux bains). En peu de temps le feu s'accrut à un tel degré, que la terre s'ouvrit dans cet endroit, & vomit une si grande quantité de cendres & de pierres ponces mêlées avec de l'eau, qu'elle couvrit tout le pays, & qu'il tomba à Naples, pendant une grande partie de la nuit, une pluie abondante de ces cendres, accompagnées de beaucoup d'eau. Le lendemain Lundi, qui étoit la fin du mois, les pauvres habitans de Puzzole, épouvantés par des phénomenes aussi terribles, quitterent leurs habitations couvertes de cette pluie noire & limonneuse, qui continua tout le long du jour dans ces cantons, & prirent la fuite, pour éviter la mort qui étoit peinte sur leurs visages ; les uns avec leurs enfans entre

N iij

les bras ; d'autres chargés de sacs pleins
de leurs effets ; d'autres conduisant un
âne qui portoit leur famille tremblante
du côté de Naples. On en voyoit qui
portoient une grande quantité d'oiseaux
de diverses especes, que l'éruption avoit
fait périr dès son commencement, &
d'autres chargés de poissons qu'ils avoient
trouvés, & dont on pouvoit se pourvoir
en abondance sur le rivage, parce que
la mer les avoit laissés à sec un espace de
temps considérable. Don Pedro di Toledo, Vice-Roi du royaume de Naples,
vint avec plusieurs personnes pour voir
un spectacle aussi merveilleux. J'y vins
aussi, & je vis cette éruption & ses effets
si dignes d'admiration, me trouvant alors
avec l'honorable Signor Fabrizio Mora-
maldo, que j'avois rencontré sur le grand
chemin. La mer s'étoit retirée du côté
de Baïa, en abandonnant un terrein
considérable, & le rivage paroissoit pres-

que entiérement à sec par la quantité de
cendres & de pierres ponces brisées &
lancées par l'éruption. Je vis aussi deux
sources dans ces ruines nouvellement découvertes; l'une au devant de la maison, qui étoit celle de la Reine, d'une
eau chaude & salée; l'autre d'une eau
sans saveur, & froide, sur le rivage
le plus voisin de l'éruption, d'environ
250 pas : quelques-uns disent, que plus
près encore du lieu où l'éruption se fit,
il sortit un courant d'eau douce & fraîche, qui ressembloit à une petite riviere.
En se tournant vers le lieu de l'éruption,
on voyoit des montagnes de fumée,
dont une partie étoit très-noire, & l'autre
très-blanche, s'élever à une grande hauteur; & du milieu de la fumée il sortoit
de temps en temps des flammes profondément colorées, qui accompagnoient de
grandes pierres & des cendres, & vous
entendiez un bruit semblable à celui des

décharges d'une nombreuse artillerie. Il
sembloit que Tiphée & Encelade fussent
venus d'Ischia & de l'Etna, avec une
armée innombrable de Géans, ou bien
ceux des champ. Phlegréens (qui, selon
l'opinion de quelques Auteurs, étoient
dans ce voisinage), pour faire de nouveau
la guerre à Jupiter. Les Historiens de la
Nature peuvent cependant dire, avec
raison, que les sages d'entre les Poëtes
n'ont entendu, par les Géans, que ces
exhalaisons enfermées dans les entrailles
de la terre, lesquelles ne trouvant point
de passage libre, s'en ouvrent un par
leur propre force & impulsion naturelle,
& forment des montagnes, comme l'ont
fait ces vapeurs qui ont produit l'éruption dont je parle. Il me semble voir
ces torrens de fumée brûlante que décrit
Pindare, en parlant d'une éruption de
l'Etna, actuellement nommé *Mon-Gi-
bello* en Sicile. C'est à l'imitation de ce

Poëte, que Virgile, comme on fait, a écrit ces vers :

Ipse sed horrificis juxta tonat Etna ruinis, &c.

APRÈS que les pierres & les cendres, avec les nuages d'épaisse fumée, eurent été lancées dans la moyenne région de l'air par l'impulsion du feu & des vapeurs semblables au vent (comme on le voit dans un grand chaudron qui bout), abattues par leur propre poids, lorsqu'elles eurent, à raison de la distance où elles se trouverent, perdu la force reçue par l'impulsion, & repoussées ainsi par le froid d'une région qui leur étoit ennemie; vous les eussiez vues alors tomber plus épaisses, & la fumée condensée s'éclaircir en répandant une pluie d'eau & de pierres de différens volumes, selon leur distance du lieu de leur origine; vous voyiez toujours des pierres & des cendres lancées avec le même bruit

& la même fumée, mais graduellement,
&, pour ainsi dire, par accès. Cela continua deux jours & deux nuits, jusqu'à
ce qu'enfin la fumée & la force du feu
commencerent à s'affoiblir. Le quatrieme
jour, qui étoit le Jeudi, à 22 heures,
il y eut une si grande éruption, qu'étant
alors dans le golfe de Puzzole, près de
Misene, en venant d'Ischia, je vis, dans
un espace de temps fort court, plusieurs
colonnes de fumée lancées avec le plus
terrible bruit que j'aye jamais entendu,
s'étendre sur la mer, & venir tout près
de notre barque, qui n'étoit guere alors
qu'à quatre milles du lieu d'où elles naîs-
soient. La quantité de cendres, de pierres
& de fumée étoit telle, qu'il sembloit
que la terre & la mer dussent en être
couvertes. Les pierres, grandes ou petites, & les cendres plus ou moins abon-
bantes, selon la force de l'impulsion du
feu & des vapeurs, commencerent donc

à tomber si dru, que la plus grande
partie de ce pays fut couvert de cendres, & que, selon le rapport de plusieurs personnes qui ont été témoins ocu-
laires du fait, les cendres volerent jusque dans la vallée de Diana, & dans
quelques parties de la Calabre, qui sont
à plus de 150 milles de Puzzole. Le
Vendredi & le Samedi suivans, il ne
parut que peu de fumée; de sorte que
plusieurs, devenus plus courageux, ose-
rent venir jusque sur le lieu même, &
dirent que les pierres & les cendres vomies par l'éruption dans cette vallée,
avoient formé une montagne, qui n'avoit
pas moins de trois milles de circonférence, & dont la hauteur égaloit presque
celle du Monte Barbaro, qui en est voisin, en couvrant la Canettaria, le Château
de Tripergoli avec tous les bâtimens,
& la plus grande partie des bains qui
étoient aux environs. Elle s'étendoit au

Sud vers la mer, au Nord jusqu'au lac
d'Averne, à l'Ouest jusqu'aux étuves,
& du côté de l'Est elle venoit joindre
le pied du Monte Barbaro : ainsi ce lieu
avoit tellement changé de figure, qu'on
ne put plus le reconnoître ; & il paroît
presque incroyable à ceux qui ne l'ont
pas vu, qu'une montagne ait pu se former dans un si court espace de temps.
A son sommet est une bouche en forme
de coupe, qui peut avoir un quart de
mille de circonférence, quoique, selon
quelques-uns, elle soit aussi large que
la place du marché de notre ville de
Naples. De cette bouche il sort continuellement de la fumée ; &, quoique je
ne l'aye vue que d'une certaine distance,
elle paroît très-considérable. Le Dimanche suivant, qui étoit le six Octobre,
plusieurs personnes étant allées voir de
plus près ce phénomene, & quelques-
uns étant descendus jusqu'à la moitié de

la montagne, & d'autres plus loin encore, tout à coup, vers les 22 heures,
il arriva une éruption si inattendue &
si affreuse, avec une si grande quantité
de fumée, que plusieurs de ces malheureux furent suffoqués, & d'autres dispa-
rurent, de sorte qu'on ne put trouver
leurs corps. On m'a assuré que le nombre
de ces personnes, mortes ou perdues,
alloit jusqu'à vingt-quatre. Depuis ce
temps-là il n'est arrivé rien de remarquable. Il semble que cette éruption ait
ses périodes, comme la fievre ou la
goutte. Je crois pourtant que dorénavant elle ne montrera plus la même force,
quoique l'éruption du Dimanche ait été
accompagnée d'une pluie de cendres &
d'eau qui s'étendit jusqu'à Naples, &
même, à ce qu'on a cru, jusqu'à la montagne de Summa, que les Anciens appeloient *Vesuvius*. Les nuages qui formoient cette fumée, provenant de l'é-

ruption, se dirigeoient directement vers cette montagne, ainsi que je l'ai remarqué plus d'une fois, comme si ces deux points de notre territoire avoient quelque correspondance & quelque connexion entr'eux. Pendant la nuit, plusieurs rayons & colonnes de feu parurent accompagner cette éruption, & ressembloient quelquefois à des éclairs (a). Nous avons donc plusieurs phénomenes pour notre observation, les tremblemens de terre, l'éruption, le dessèchement des bords de la mer, la quantité des poissons & des oiseaux morts, la naissance des sources, la pluie de cendres, avec ou sans eau, cette prodigieuse quantité d'arbres qui ornoient tout ce pays jusqu'à la grotte de Lucullus, détruits jusqu'à

______

(a) Nous avons ici un nouvel exemple du feu électrique, à la suite d'une grande éruption.

leurs racines, renversés & couverts de cendres, tristes objets à considérer; & comme tous ces effets ont été produits par la même cause que celle des tremblemens de terre, examinons comment se forment les tremblemens de terre; ce qui nous fera comprendre aisément la cause de ces phénomenes déjà rapportés «.

VIENT ensuite une dissertation sur les tremblemens de terre, & quelques conjectures curieuses, relatives aux phénomenes qui accompagnerent cette éruption, très-clairement & très-bien exposées, si on considere avec l'Auteur, qui a cru devoir faire son apologie à cet égard, que dans ce temps-là la Langue Italienne n'avoit été que très-peu employée à traiter de tels sujets.

LA Relation de la formation de Monte Nuovo, par Pietro Giacomo di Toledo, est en forme de dialogue entre Peregrino

& Suessano, personnages feints. Le premier dit : » Il y a actuellement deux ans
que cette Province de Campanie a été
affligée de tremblemens de terre, & la
partie des environs de Puzzole beaucoup
plus encore que tous les autres; mais le
27 & le 28 de Septembre dernier, les
tremblemens de terre se firent sentir nuit
& jour continuellement dans la ville de
Puzzole : cette plaine, qui se trouve
entre le lac d'Averne, Monte Barbaro,
& la mer, s'éleva un peu, & plusieurs
crevasses s'y formerent, au travers desquelles l'eau trouva un passage; en même
temps la mer, qui étoit très-voisine de
la plaine, fut desséchée l'espace d'environ
200 pas, tellement que les poissons res-
terent sur le sable en proie aux habitans
de Puzzole. Enfin, le 29 du même
mois, vers deux heures de nuit ou environ, la terre s'ouvrit près du lac, &
présenta une bouche épouvantable, qui
vomit

vomit avec furie de la fumée, du feu,
des pierres, & une espece de limon
formé de cendres, en faisant, dans le
temps même de l'explosion, un bruit semblable à celui d'un tonnerre violent : le
feu qui sortoit de cette bouche, dirigea
sa marche vers le mur de cette ville infortunée. La fumée étoit en partie noire
& en partie blanche. La premiere étoit
plus obscure que les ténebres même,
& la seconde étoit aussi blanche que le
plus beau coton. La fumée qui s'élevoit en l'air, sembloit vouloir atteindre
jusqu'à la voûte céleste. Les pierres qui
la suivoient, étoient converties en ponces
par les flammes dévorantes, & la grandeur de quelques-unes surpassoit celle
d'un bœuf. Ces pierres, après s'être élevées à peu près jusqu'à la portée d'une
arbalête, retomboient ensuite quelquefois
sur le bord, & quelquefois dans la bouche
même. Il est vrai que la plupart ne pou-

voient être apperçues dans leur élévation, tant la fumée étoit épaisse ; mais
lorsque retombant elles sortoient du sein
de cette fumée brûlante, elles annon-
çoient assez le lieu de leur séjour, par
une odeur de soufre aussi forte que fétide, précisément comme ces pierres qui
ont été lancées d'une piece d'artillerie,
& qui ont passé au travers d'une fumée
de poudre à canon enflammée. Le limon
étoit d'une couleur cendrée, & sa liqui-
dité, d'abord très-considérable, diminua
successivement. Sa quantité fut telle,
qu'en moins de douze heures, avec le
secours des pierres dont j'ai parlé, on
vit s'élever une montagne de mille pas
de hauteur. Non seulement Puzzole, &
le pays voisin, fut rempli de ce limon,
mais encore la ville de Naples, qui vit
dégrader en grande partie par ce fléau
la beauté de ses Palais. Les cendres furent portées jusqu'en Calabre par la

force des vents, brûlant dans leur paſſage
les plantes & les plus grands arbres, &
en renverſant une grande partie par leur
poids. Un nombre infini d'oiſeaux &
d'animaux de diverſes eſpeces, couverts
de cette cendre ſulfureuſe, ſe livrerent
eux-mêmes entre les mains des hommes.
Cette éruption dura deux jours & deux
nuits ſans intervalle, à la vérité avec une
violence tantôt plus grande & tantôt
moindre. Lorſqu'elle étoit dans la plus
grande force, on entendoit même à
Naples un bruit, ou plutôt un tonnerre,
ſemblable à celui d'une vigoureuſe artillerie, dans le moment où un combat
commence entre deux armées. Le troiſieme jour l'éruption ceſſa, de ſorte que
la montagne parut alors parfaitement
découverte, au grand étonnement de
tous les ſpectateurs. Ce jour-là, je vins
avec pluſieurs perſonnes juſqu'au ſommet
de cette montagne, & je regardai dans

O ij

la bouche : c'étoit une concavité circulaire d'environ un quart de mille de circonférence, au milieu de laquelle bouilloient les pierres qui y étoient retombées, comme fait l'eau dans un grand chaudron qu'on a mis sur le feu. Le quatrieme jour l'éruption recommença, & le septieme plus vivement encore, mais toujours avec moins de violence que la premiere nuit ; ce fut alors que plusieurs personnes, qui se trouverent malheureusement sur la montagne, furent subitement couvertes de cendres, ou étouffées par la fumée, ou assommées par les pierres, ou brûlées par les flammes, & mortes sur le lieu même. La fumée continue encore aujourd'hui (*a*) : vous voyez

---

(*a*) Le cratere du sommet de Monte Nuovo, est maintenant couvert d'arbrisseaux : mais l'année 1770, je découvris au fond un petit trou parmi les buissons, d'où sortoit con

souvent, pendant la nuit, du feu au milieu
de ses tourbillons; enfin, pour donner
complétement l'Histoire de ce phénomene si nouveau & si inoui, j'ajouterai
que dans plusieurs endroits de cette montagne nouvelle, le soufre commence à
se former «. Giacomo di Toledo, vers
la fin de sa dissertation sur les phénomenes relatifs à cette éruption, dit que
le lac d'Averne avoit une communication avec la mer avant le temps de l'é-
ruption, & qu'il craint que l'air de Puzzole ne soit infecté dorénavant dans le
temps des chaleurs par les exhalaisons
des eaux stagnantes du lac; ce qui est le
cas actuel du local.

---

tinuellement une vapeur chaude & humide,
précisément semblable à celle de l'eau bouillante, & avec aussi peu d'odeur; les gouttes
de cette vapeur pendoient sur tous les buissons qui l'environnoient.

Ces détails, Monsieur, vous donnent la preuve d'une montagne confidérable dans fa hauteur & fes autres dimenfions, formée dans une plaine, par une fimple explofion, dans l'efpace de 48 heures. Les tremblemens de terre s'étant fait fentir fortement à une grande diftance du lieu où fe firent les ouvertures, prouvent clairement que le feu fouterrain étoit à une grande profondeur au deffous de la furface de la plaine. Il eft également clair que ces tremblemens de terre, & l'explofion, provenoient de la même caufe, les premiers ayant ceffé lorfque celle-ci commença. Ce fait ne contredit-il pas évidemment le fyftême de M. de Buffon, & de tous les Naturaliftes qui ont placé le fiege du feu des Volcans vers le centre, ou près du fommet des montagnes, qu'ils fuppofent avoir fourni les matieres lancées dans les éruptions? Si ces matieres naiffoient d'une profon-

deur auffi peu confidérable que ces Mef-
fieurs l'imaginent, la partie de la montagne, fituée au deffus de ce qu'ils pré-
tendent être le fiege du feu, feroit néceffairement détruite ou diffipée en très-
peu de temps; au contraire, une éruption ajoute ordinairement à la hauteur
& à la maffe d'un Volcan: & quel eft
celui qui a été dans le cas de faire des
obfervations fur les Volcans, qui ne fache
que la matiere qu'ils ont répandue pendant tant de fiecles, en laves, cendres,
fumées, &c. (fi elle étoit raffemblée
dans le même lieu), feroit plus que fuffi-
fante pour former trois montagnes, dont
chacune égaleroit le cône fimple ou la
montagne d'un Volcan exiftant? Relativement au Véfuve, la preuve en feroit
facile, & je me contente de renvoyer à
ma Lettre, fur le fujet du mont Etna,
pour donner une idée de la quantité de
matiere lancée dans une feule éruption

O iv

par ce terrible Volcan; une autre preuve
que le siege du feu d'un Volcan existe
beaucoup au dessous du niveau général
du pays où s'éleve la montagne, & que,
s'il ne se trouvoit qu'à une profondeur
peu considérable au dessous de la montagne, la quantité de matiere lancée
laisseroit bientôt immédiatement au dessous un si grand vuide, que la montagne
elle-même s'écrouleroit nécessairement,
& disparoîtroit après quelques éruptions (a).

Par les Relations que j'ai rapportées
de la formation de la nouvelle montagne,
nous savons que la matiere, qui fut d'a-
bord lancée, étoit une espece de limon
composé d'eau & de cendres mêlées de
pierres ponces & d'autres matieres brûlées. En allant de Puzzole à Cumes,

____

(a) Voyez la Note XXIII.

on voit une partie du cône de cette montagne, qui a été coupée pour élargir la
route. J'ai vu dans cet endroit-là, que la
composition est un tufa mêlé de ponces,
dont quelques-unes sont réellement de la
grandeur d'un bœuf, comme il est rapporté dans la Relation de Toledo, &
précisément de la même nature que le
tufa, dont est composé chaque terrein
élevé du voisinage, & semblable d'ailleurs à celui qui couvre Herculaneum.
Selon les mêmes Relations, après que
la pluie de cendres, en pâte liquide, eut
cessé, il tomba beaucoup de cendres
seches. Cette circonstance sert à expliquer les couches de ponces désunies, &
les cendres qui sont généralement sur la
surface de tous les tufas dans ce pays, &
qui furent probablement jetées de la
même maniere. Les deux Relations disent, que, lors de la premiere ouverture
de la terre dans la plaine, près de Puz-

zole, il sortit des sources d'eau; cette eau, mêlée avec les cendres, produisit certainement la pluie en forme de pâte liquide. Lorsque les sources furent épuisées, il ne dut plus tomber naturellement qu'une pluie de cendres seches & de pierres ponces, comme le fait arriva réellement, ainsi que l'assurent les Relations. J'avoue que c'est avec un plaisir extrême que j'ai enfin découvert le moyen d'expliquer aussi bien la formation de ces veines de matiere brûlée, seche & désunie dans ses petites parties, qui se trouve au dessous des tufas, & dont le sol de presque tout le pays que je décris est composé. Je ne sache pas que personne ait jamais fait ces importantes observations, quoique plusieurs Auteurs, qui ont publié des descriptions de ce pays, aient soupçonné que quelques-unes des parties ont été formées par explosions. Par-tout donc où se trouvera cette espece de tufa, ce sera toujours une raison suffisante pour conjecturer qu'il a été composé de la même maniere que le tufa de Monte Nuovo; car, comme je l'ai déjà dit plus d'une fois, la Nature est uniforme dans ses travaux, & sa marche est en général par-tout la même.

On croit communément que la nouvelle montagne s'éleva du fond du lac Lutrin, dont elle produisit la destruction; mais dans les Relations citées il n'est fait aucune mention du lac Lutrin : on peut donc supposer que cette écluse fameuse, qui, selon le rapport de Strabon & de plusieurs autres Anciens, séparoit le lac d'avec la mer, a été détruite par le laps du temps, ou par quelque accident, & que le lac s'étoit déjà réuni à la mer avant l'explosion de 1538.

Si l'éruption dont j'ai exposé les détails

fut terrible, celle qui forma le Monte Barbaro (ou Gauro, comme on l'appeloit anciennement), doit auffi avoir été des plus effrayantes. Cette montagne, qui eft immédiatement unie à Monte Nuovo, lui reffemble parfaitement, quant à la forme & à la compofition; mais elle eft au moins trois fois plus confidérable, & fon cratere ne peut guere avoir moins de fix milles de circonférence. La plaine, dans l'intérieur du cratere, & qui eft un des endroits les plus fertiles que j'aie jamais vus, a environ quatre milles de tour; il n'y a qu'une feule entrée dans cette plaine, & tournée à l'orient de la montagne, encore eft-il évident qu'elle eft l'ouvrage de l'Art. Les fections qu'on y a faites, fourniffent un moyen facile d'obferver que la matiere dont cette montagne eft compofée, eft exactement femblable à celle de Monte Nuovo. C'étoit cette montagne qui, fi on en croit quelques Auteurs, produisoit ce vin de Falerne, si célébré par les Anciens.

Cumes, qui passe pour avoir été la plus ancienne ville d'Italie, étoit bâtie sur une éminence, qui est semblablement composée de tufa ; & il est naturel de croire que c'est une section de cône formée par une très-ancienne explosion.

Le lac d'Averne remplit le fond du cratere d'une montagne produite indubitablement par une explosion, & dont la forme intérieure & extérieure, ainsi que la matiere dont elle est composée, ressemble exactement au Monte Barbaro ou au Monte Nuovo. Vers la base de cette montagne, qui est arrosée par la mer de la baie de Puzzole, le sable est toujours très-chaud, quoique continuellement baigné des flots : au dedans du cône de la montagne, près de ce fable échauffé, on a taillé un paffage étroit, d'environ cent pas de longueur, qui conduit à une fontaine d'eau bouillante, laquelle, quoiqu'un peu faumache, donne au poiffon & à la chair le degré de cuiffon néceffaire, fans leur communiquer aucun mauvais goût ni aucune mauvaife qualité, comme j'en ai fait l'expérience plus d'une fois. Ce lieu s'appelle *le Bain de Néron*, & l'on s'en fert toujours comme d'étuve, à l'imitation des Anciens. La vapeur qui s'éleve de cette fontaine thermale, dont j'ai déjà parlé, refferrée dans un paffage fouterrain, fort étroit, produit bientôt une tranfpiration violente dans le malade qui y eft affis. Ce bain eft reconnu pour un grand fpécifique contre cette maladie contagieufe, qui, felon la tradition, fe fit fentir à Naples, avant de fe répandre dans toutes les autres parties de l'Europe.

VIRGILE, & les Auteurs anciens, difent que les oifeaux ne pouvoient voler impunément fur le lac d'Averne; mais qu'ils y tomboient fur le champ. Cette circonftance eft très-favorable à mon opinion, que ce fut autrefois la bouche d'un Volcan. Les vapeurs de foufre & d'autres minéraux ont été fans doute d'autant plus fortes & plus énergiques, qu'elles fe font plus rapprochées du temps de l'explofion du Volcan; & je fuis convaincu qu'il y avoit alors quelques reftes de ces vapeurs fur le lac, ayant obfervé qu'aujourd'hui même il eft très-rare d'y voir des oifeaux aquatiques, & que lorfqu'ils y viennent, ce n'eft que pour très-peu de temps; pendant que tous les autres lacs du voifinage en font conftamment couverts dans la faifon d'hiver. En 1766, lors de l'éruption du Véfuve, & dans le temps que l'air étoit imprégné de vapeurs nuifibles, j'ai trouvé fréquemment fur cette montagne des oifeaux morts (*a*).

Le Château de Baïa eft fur une éminence confidérable, compofé de ce tufa ordinaire, & de couches de cendres & de pierres ponces ; d'où j'ai conclu qu'il me feroit poffible de trouver quelques reftes des crateres par où la matiere eft fortie : étant monté fur l'éminence, je découvris deux crateres très-vifibles, précifément derriere le Château.

Le lac appelé *Mare-morto*, étoit auffi, felon toutes les probabilités, un cratere d'où fortirent les matieres qui formerent le promontoire de Mifene, & toutes les élévations des environs du lac. Sous les ruines d'un ancien bâtiment, près de la pointe de Mifene, il y a une vapeur ou mofeta concentrée dans une voûte, & dont les effets font exactement fembla-

(*a*) Voyez la Note XXIV.

bles

bles à ceux de la grotte du Chien, ainsi que j'en ai souvent fait l'expérience.

LA forme de la petite île de Nisida décele ouvertement son origine (*a*). C'est le demi-cône creux d'un Volcan coupé perpendiculairement, & la moitié du cratere forme un petit port, appelé *Porto Pavonne*. Je crois que l'autre moitié du cône aura été emportée dans la mer par des tremblemens de terre, ou peut-être par la violence des flots; car cette partie qui manque est du côté de la vaste mer (*b*).

PROCIDA, cette île fertile & agréable,

(*a*) Les vapeurs si nuisibles, qui, au rapport de Lucain, régnoient à Nisida, sont très-favorables à ce que je pense de l'origine de cette île.

Tali spiramine Nesis
Emittit Stygium nebulosis aëra saxis.
Lucan. lib. VI.

(*b*) Voyez la Note XXV.

P

montre auffi les caractères les plus évidens de fa formation due à une explofion ; la nature de fon fol étant évidemment femblable à celle du fol de Baïa & de Puzzole. Cette île femble réellement, ainfi que les Anciens l'imaginoient, avoir été détachée de l'île d'Ischia qui en eft voifine.

IL n'y a point d'endroit, à mon gré, qui puiffe fournir un champ plus vafte à de curieufes obfervations, que l'île d'Ifchia, appelée par les Anciens *Ænaria*, *Inarime*, & *Pithecufa*. J'y ai fait trois voyages, & l'été dernier j'y paffai trois femaines, pendant lefquelles j'examinai avec attention fes différentes parties. Ifchia a environ dix-huit milles de circonférence ; fon fol en général eft femblable à celui des environs du Véfuve, de Naples & de Puzzole ; il y a nombre infini de fources brûlantes, chaudes & froi-

des (*a*), dispersées dans toute l'île, &
dont les eaux sont imprégnées de minéraux de diverses especes ; de sorte que
si l'on en croyoit les habitans du pays,
il n'y a point de maladie à laquelle les
eaux ne fourniffent un remede. Dans le
temps des chaleurs (qui est la saison où
l'on fait usage de ces bains), on y vient
en foule de Naples. Un établissement
honorable pour l'humanité y fait passer &
y entretient trois cents pauvres malades
aux bains de *Gurgitello*, chaque saison.
J'ai appris de ces malades, que ces
bains ont très-réellement opéré des cures
merveilleuses obstinées, dans les con-
tractions des muscles & des tendons.
Le malade commence par les bains,

(*a*) Giulio Cesare Capaccio, dans sa Relation de cette île, dit qu'il s'y trouve onze
sources d'eaux froides, & trente-cinq d'eaux
chaudes & minérales.

ensuite on le plonge dans le sable chaud
près de la mer. Dans plusieurs endroits
de l'île, le sable est d'une chaleur brûlante,
même sous l'eau. Dans certaines parties de l'île, le sable est presque entiérement composé de particules de mines de
fer; du moins ces particules sont-elles
attirées par l'aimant, d'après mon expérience. Près de cette partie de l'île, appelée *Laco*, il y a un rocher d'ancienne
lave, formant une petite caverne fermée
d'une porte. Cette caverne sert à rafraî-
chir les liqueurs & le fruit, ce qu'elle fait
en très-peu de temps aussi fortement que
la glace. Avant que la porte fût ouverte,
je sentis aux jambes un froid très-vif;
mais lorsqu'elle le fut, le froid se fit sentir
avec tant de force, qu'il me causa de la
douleur, & dans la caverne il étoit into-
lérable. Je ne me suis pas apperçu que
ce froid fût accompagné de vent, quoique sur le mont Etna & le mont Vé-

fuve, où il y a des cavernes de cette espece, le froid soit évidemment produit par un vent souterrain. Les gens du pays appellent ces endroits les *Ventaroles*. La grande quantité de nitre, dont tous ces endroits-là abondent, n'expliqueroit-elle pas jusqu'à un certain point la raison d'un froid aussi excessif? Si mon thermometre ne s'étoit pas malheureusement brisé, je vous aurois exactement informé du degré de froid des Ventaroles d'Ischia, dont les effets sont les plus forts que j'aye jamais éprouvés. Les anciennes laves d'Ischia prouvent que les éruptions y ont été très-formidables, & l'Histoire nous apprend que les premiers habitans de l'île en furent chassés par la fréquence & la violence de ces éruptions. Il y a une de ces anciennes laves qui n'a pas moins de deux cents pieds de profondeur. La montagne de Saint-Nicolas, sur laquelle est à présent un couvent d'Hermites, &

P iij

que les Anciens appeloient *Epomeus*,
est aussi haute que le Vésuve, si elle ne
l'est davantage, & me paroît être une
section du cône du Volcan principal, &
le plus ancien de l'île, sa composition
n'étant absolument que de tufa ou de
lave. Les cellules du couvent sont taillées dans la montagne même ; & c'est là
qu'on voit clairement que sa composition ne differe en rien de la matiere qui
couvre Herculaneum, & qui forme Monte
Nuovo. Il n'y a point de signe de cratere sur le sommet de la montagne, qui
s'éleve en formant une pointe fort aiguë ;
mais le temps, & divers accidens, peuvent avoir détruit cette marque distinc-
tive de sa formation due à une explosion, comme on le doit supposer avec
raison. J'ai vu que la même chose est
arrivée à d'autres montagnes évidemment produites par des explosions ; je
veux dire sur les flancs de l'Etna & du

Vésuve. Strabon, parlant de cette île dans son cinquieme livre, cite Timæus, comme racontant que, peu de temps avant lui, une montagne, appelée *Epomeus*, située au centre de Pythecusa, avoit été ébranlée par un tremblement de terre, & vomissoit des flammes.

Il y a plusieurs élévations dans cette île, qui, par la nature des matieres dont elles sont composées, font penser qu'elles viennent de la même origine. Près du village de Castiglione, on voit une montagne formée sûrement par une explosion de plus fraîche date, puisqu'elle a conservé sa forme conique & son cratere, encore que très-foiblement des végétaux (*a*). Il n'y a cependant aucune mémoire de la date de cette éruption. Près de la ville d'Ischia, qui est sur le bord

____

(*a*) Voyez la Note XXVI.

de la mer, est un lieu appelé le *Crema-*
te (*a*), où l'on voit un cratere d'où coula,
en 1301 ou 1302, une lave jusqu'à la
mer. On ne voit pas sur cette lave la
plus légere marque de végétation, &
elle est à peu près dans le même état
que les laves modernes du Vésuve. Pon-
tano, Maranti, & D. Francesco Lom-
bardi, ont rappelé cette éruption. Le
dernier dit qu'elle dura deux mois; que
plusieurs personnes & plusieurs animaux
périrent par cette explosion, & qu'un
grand nombre d'habitans furent obligés
de se réfugier à Naples & dans les îles
voisines. Enfin, d'après mes idées, l'île
d'Ischia doit avoir pris sa naissance du
fond de la mer, & ne s'être accrue jusqu'à sa grandeur actuelle que par diverses
explosions postérieures. Ce n'est donc
pas une chose extraordinaire (& mes ob-

(*a*) Voyez la Note XXVII.

fervations m'obligent à le croire), ce que raconte l'Histoire, de la formation toute femblable des îles de Lipari. Il n'y a point eu d'éruption à Ischia depuis celle dont je viens de parler ; mais les tremblemens de terre y font très-fréquens. J'ai ouï dire que cette île fut ébranlée, il y a deux ans, par un tremblement de terre des plus confidérables.

Le P. Gorée a publié une Relation de la maniere dont fe forma dans l'Archipel une île nouvelle, fituée entre les deux îles appelées *Kammeni*, & près de celle de Santorini. Cette production, dont il fut témoin oculaire, augmente prodigieufement la probabilité des conjectures dont j'ai ofé vous faire part fur la formation des îles & de cette portion du continent de Naples. Le P. Gorée paroît auffi confirmer ce que racontent Strabon, Pline, Juftin, & d'autres anciens Auteurs de plufieurs îles de l'Archipel, autrefois appelées *Cyclades*, qu'elles font forties du fond de la mer de la même maniere (*a*). Selon Pline, dans la quatrieme année de la treizieme Olympiade (237 ans avant l'Ere Chrétienne), l'île de Thera, maintenant appelée *Santorini*, & celle de Therafia, furent formées par explofion; & 131 ans après, l'île d'Hiera (maintenant le grand Kammeni) s'éleva de la même

---

(*a*) Ayant remarqué que tous les meubles de pierres que MM. Banks & Solander apporterent des îles derniérement découvertes dans les mers du Sud, étoient entiérement de même nature que celles qui font produites par des Volcans ; & ces MM. m'ayant affuré que l'on n'y trouvoit aucune autre forte de pierre, je fuis porté à croire que ces îles fituées à une fi grande diftance d'aucune terre, peuvent être nées du fond de la mer par de femblables explofions.

maniere. Voici comme Strabon décrit la naissance de cette île : » Au milieu de » l'espace qui est entre les îles de Thera » & Therasia, il sortit du fond de la » mer des flammes pendant quatre jours, » lesquelles ayant élevé successivement » des grandes masses, qui paroissoient » comme lancées par des machines, for- » merent une île de douze stades de » circuit «. Justin dit de la même île : *Eodem anno, inter insulas Theramenem & Theresiam, medio utriusque ripæ & maris spatio, terræ motus fuit : in quo, cum admiratione navigantium, repente ex profundo cum calidis aquis insula emersit.*

PLINE fait aussi mention de la formation d'Aspronisi, ou Ile Blanche, qui se fit par une explosion du temps de Vespasien : on sait aussi que l'année 1628, une des Iles Açores, voisine de l'île

Saint-Michel, s'éleva du fond de la mer,
qui dans cet endroit a 160 brasses de
fond : cette île, qui fut formée en quinze
jours, a trois lieues de long, une lieue
& demie de large, & s'éleve de 366
pieds au dessus de l'eau.

Le P. Gorée, dans sa Relation de la
formation d'une île nouvelle dans l'Archipel, fait mention de deux matieres
distinctes qui entrerent dans la composition de cette île, l'une noire, & l'autre
blanche. Aspronisi (dont le nom est sans
doute tiré de sa couleur) est composée
d'une matiere blanche. Si cette matiere
se trouvoit être un tufa, comme je le
crois très-vraisemblable, ce seroit un
nouveau fondement à mes conjectures,
lesquelles, je l'avoue, me paroissent si
fort approcher de la vérité, qu'il me
semble qu'on ne peut guere douter à
présent que les pays que j'ai décrits ne

foient dus à diverfes explofions, produites par des feux fouterrains, dans une
longue fuite de fiecles. Il n'eft pas douteux qu'il n'y ait actuellement plufieurs
Volcans exiftans dans le monde connu,
& la mémoire d'une grande quantité
d'autres nous a été tranfmife par l'Hiftoire. Ne peut-il pas y en avoir eu un
bien plus grand nombre dont les époques fe perdent tellement dans l'antiquité, qu'elles font de beaucoup antérieures à toutes celles de l'Hiftoire (*a*)?

(*a*) L'homme le moins habitué à voir des
Volcans, doit être frappé des marques évidentes & fans nombre de l'exiftence des
Volcans fur toute la route, depuis le lac
d'Albano jufqu'à Radicofani, entre Rome &
Florence. Cependant, quoique ce fol offre
tant de fignes récens & indubitables de fon
origine, il n'y a point d'Hiftoire qui donne
l'époque de quelque éruption arrivée dans ces
pays-là.

DES opérations de la Nature aussi admirables, n'ont été établies par la Providence, dont la sagesse est infinie, que pour quelque grand dessein : elles ne sont pas déterminées à tel ou tel point du globe, puisqu'il y a des Volcans existans dans les quatre parties du Monde. Nous sommes témoins de la grande fertilité du sol produit par explosion dans la partie du pays que j'ai décrit, ce qui le fit appeler par les Anciens *Campania felix*. La Sicile, qui est dans le même cas, passe avec raison pour un des lieux les plus fertiles de l'Univers, & a reçu le nom de *Grenier de l'Italie*. Les feux souterrains ne pourroient-ils pas être considérés (si l'on me permet cette expression) comme la grande charrue dont la Nature fait usage pour labourer les entrailles de la terre, & présenter à nos travaux des campagnes nouvelles, lorsque de trop fréquentes moissons ont épuisé celles que nous cultivions ? Ne trouveroit-on pas, si l'on vouloit bien examiner ce sujet, que plusieurs minéraux précieux n'ont été découverts que par de semblables opérations de la Nature? du moins la chose est-elle évidente pour ce pays ; mais de si importantes recherches me conduiroient trop loin : j'ajouterai seulement une réflexion que me fournit l'expérience que j'ai acquise dans cette branche de l'Histoire Naturelle ; c'est que nous sommes un peu trop sujets à ne raisonner sur ces grandes opérations de la Nature, que d'après un plan trop resserré (a). Lorsque je vins à Naples, toute mon attention, relativement à l'Histoire Naturelle, se borna au mont Vésuve & aux phénomenes admirables que présente ce Volcan en activité ; mais à mesure qu'étendant mes observations, je m'apperçus que plusieurs autres lieux, que j'ai décrits, portoient

_____

(a) Voyez la Note XXVIII.

des marques évidentes de la même opération, & principalement la Sicile, où
elles font au plus haut degré, je ne
regardai plus le mont Vésuve que
comme un Volcan particulier où la
Nature étoit actuellement active, & je
m'estimai très-heureux de m'être trouvé
à portée de voir la maniere dont elle
exécute une de ses plus grandes opérations : cette opération, au reste, est
beaucoup moins, ce me semble, hors
de l'ordre des combinaisons ordinaires,
qu'on ne l'imagine communément.

Les observations que j'ai faites sur les
éruptions du mont Vésuve, pendant ma
résidence à Naples, ont été envoyées à
la Société Royale, qui leur a fait plus
d'honneur qu'elles ne méritoient. Le Vésuve, ce Volcan qui est encore dans
toute son activité, pourroit fournir une
ample matiere à un beaucoup plus grand
nombre

nombre d'obfervations ; mais il faut pour cela jouir de fon temps , avoir acquis les connoiffances néceffaires fur l'Hiftoire Naturelle du globe & fur la Chimie , & de plus une certaine pratique des expériences phyfiques, fur-tout de celles de l'électricité (*a*). Je fuis convaincu que la

---

(*a*) L'air des pays remplis de foufre ne feroit-il pas beaucoup plus imprégné des matieres électriques, que l'air des autres contrées ? & ces efpeces de foudres tombées dans un temps ferein, dont il eft tant queftion dans les Auteurs anciens, & qui étoient confidérées comme des préfages , ne feroient-elles pas dues à la même caufe ?

Horace dit, Ode XXXIV :

> *Namque Diefpiter*
> *Igni corufco nubila dividens ,*
> *Plerumque per purum tonantes*
> *Egit equos volucremque currum.*

Non alias cœlo ceciderunt plura fereno
Fulgura.

Virgil. Georgic. Liv. I.

Q

fumée des Volcans contient toujours une portion de matiere électrique, qui se manifeste dans le temps des grandes éruptions, comme je l'ai rapporté dans ma Relation de la grande éruption du Vésuve en 1767. Les paysans du voisinage de ma maison de campagne m'ont assuré que durant la derniere éruption, ils étoient beaucoup plus alarmés de la foudre, & des globes de feux qui tomboient parmi eux avec des bruits & des pétillemens effrayans, que de la lave & des autres phénomenes qui accompagnent ordinairement une éruption. Je trouve dans toutes les Histoires des gran-

Aut cum terribili perculsus fulmine civis
Luce serenantis vitalia lumina liquit.
Cic. liv. I. de Divin. N. 18.

Sabinos petit aliquantò tristior, quòd sa-crificanti hostia aufugerat, quòdque tempestate serena tonuerat.
Sueton. Tit. cap. 10.

des éruptions, qu'il est toujours question
de ces sortes de foudres qu'on distingue
ici par le nom de particulier de *Ferilli*.
Bracini, dans sa Relation de la grande
éruption du Vésuve en 1631, dit que
la colonne de fumée qui sortit du cratere, couvroit environ cent milles des
pays circonvoisins, & qu'un grand nombre d'hommes & d'animaux moururent
frappés de la foudre qui sortoit de cette
fumée.

Il me paroît qu'on connoît aussi très-
peu la nature de ces vapeurs dangereu-
ses, appelées ici *mofete*, qui sont pour
l'ordinaire mises en mouvement pendant
l'éruption du Volcan, & se manifestent
alors dans les puits & autres souterrains
du voisinage. Quelques expériences faites
depuis peu par l'ingénieux Dr. Nooth,
dans la Mofeta de la grotte du Chien,
prouvent assez que tous ces effets, &

les qualités connues, répondent à celles
qu'on attribue à l'air fixe. Précisément
avant l'éruption de 1767, une vapeur
de cette espece, qui avoit rempli la chapelle du Roi à Portici, renversa un Sa-
cristain dans le moment qu'il ouvroit la
porte. A peu près dans le même temps,
lorsque Sa Majesté Sicilienne chassoit
dans le parc qui est voisin du Palais,
un chien fut frappé tout à coup comme
d'épilepsie, & un jeune garçon qui alloit
pour le prendre, tomba frappé de la
même maniere. Une personne qui étoit
présente, soupçonnant que l'accident
provenoit d'une mofeta, les retira sur
le champ du lieu où ils étoient tombés;
& pendant cette action elle sentit elle-
même une vapeur très-forte. Le jeune
homme & le chien revinrent promptement dans leur état ordinaire. Sa Majesté Sicilienne me fit l'honneur de m'informer elle-même de cet accident,

l'inftant après qu'il fut arrivé. J'ai trouvé
fouvent de ces mofetes lorfque je faifois
mes obfervations fur les bords du mont
Véfuve, particuliérement dans les cavernes, & une fois à la Solfaterra. Cette
vapeur affecte les narines, le gofier &
l'eftomac, précifément comme l'efprit
de corne de cerf (a), & quelque autre
fel volatil violent; & elle deviendroit
bientôt fatale, fi on ne s'en éloignoit
promptement. Sous l'ancienne ville de
Pompeii, les mofetes font très-fréquentes
& très-énergiques, au point que les excavations en font fouvent interrompues.
On trouve des mofetes en tout temps
fous les anciennes laves du Véfuve, particuliérement fous celles de la grande
éruption de 1631. Dans la Relation
qu'a publiée le D^r. Serao, de l'éruption de
1737, eft un chapitre des mofetes, où

____

(a) Voyez la Note XXIX.

il a rapporté plusieurs expériences curieuses qui y sont relatives. Le Chanoine
Recupero, qui, comme je vous l'ai dit
dans une Lettre précédente, observe les
opérations de l'Etna, vient de me donner
avis qu'une moseta très-puissante s'est manifestée depuis peu dans le voisinage de
l'Etna, & qu'il a trouvé, tout près du
lieu où elle a paru, des animaux, des
oiseaux, & des insectes morts, & les
arbrisseaux de la plus forte espece desse-
chés, pendant que les gramen & les
plantes les plus tendres semblent être
intactes (a). Cette moseta, & les fréquens tremblemens de terre qui se sont
fait sentir à Rhegio & à Messina, sont
des signes qui rendent très-probable une
éruption prochaine du mont Etna.

Je suis effrayé de la longueur de cette

(a) Voyez la Note XXX.

Lettre. En voulant me rendre plus clair, j'ai été conduit insensiblement à des digressions qui m'ont paru nécessaires ; j'espere cependant, Monsieur, de votre complaisance, que si ce Mémoire vous paroît trop fatigant & trop diffus (ce que je crains fort), pour être présenté tel qu'il est à notre respectable Société, vous voudrez bien prendre la peine d'en extraire seulement ce que vous jugerez de plus agréable & de plus intéressant.

Je suis, Monsieur, dans toute l'énergie du terme, & avec toute l'estime qui vous est due,

Votre très-humble &
très-obéissant serviteur,
WILLIAM HAMILTON.

LETTRE VI.

A M. JOSEPH BANKS, Préfident de la Société Royale de Londres (a).

DESCRIPTION

De l'éruption du Véfuve du mois d'Août 1779, obfervée fur les lieux par l'Auteur, & publiée dans le tome LXX des Tranfactions philofophiques.

DEPUIS la grande éruption de 1767, dont j'eus l'honneur d'envoyer dans le temps une Relation très-détaillée à la

---

(*a*) Pour rendre le préfent Ouvrage complet, nous avons cru devoir publier ici cette Lettre, qui ne fe trouve point dans l'édition *in-folio* de l'Auteur; elle a été inférée dans le foixante-dixieme Volume des

Société Royale, le Vésuve n'a jamais
été sans fumée, & même il ne s'est jamais passé plusieurs mois sans qu'il jetât
des scories enflammées : lorsque le nombre & la fréquence des scories augmen-
toient, elles étoient ordinairement suivies
d'un courant de lave pâle ; &, si l'on en
excepte l'éruption de 1777, ces laves
sortoient à peu près du même endroit,
& suivoient la même direction que celles
de cette fameuse éruption de 1767.

On ne compte pas moins de neuf
éruptions depuis la grande que je viens
de citer, & quelques-unes ont été considérables. Je n'ai jamais manqué de

---

Transactions philosophiques, page 42, où elle
occupe quarante-deux pages. En la réunissant
aux autres descriptions de M. Hamilton ,
nous publions toutes ses observations connues
sur le Vésuve.

Note de l'Éditeur.

visiter ces laves pendant qu'elles étoient dans leur plus grande force, & je les ai aussi constamment examinées, ainsi que le cratere du Volcan, à la fin de chaque éruption.

Il est inutile de vous rapporter les observations que j'ai faites dans ces différentes visites; je ne pourrois que vous répéter ce que contiennent mes précédentes Lettres. Soit que la lave passât par-dessus les bords du cratere dans le mouvement de l'ébullition, soit qu'elle se fît jour par les côtés du Volcan, elle formoit constamment des canaux aussi réguliers que s'ils avoient été taillés par l'art, dans l'escarpement de la montagne; & tant qu'elle se maintenoit dans l'état d'une fusion parfaite, elle continuoit de courir dans ces canaux, en les remplissant quelquefois jusqu'aux bords,

& d'autres fois plus ou moins, suivant la quantité de la matiere en mouvement.

En examinant ces canaux après les éruptions, j'ai trouvé que leur largeur alloit depuis deux jusqu'à cinq ou six pieds, sur sept ou huit pieds de profondeur; souvent ils étoient couverts par une quantité de scories qui s'y amassoit & les déroboit à la vue : la lave passoit l'espace de plusieurs toises, sous cette espece de voûte, & reparoissoit ensuite plus nette dans un canal découvert. Après cette éruption, je me suis promené dans quelques-unes de ces galeries couvertes & souterraines, qui étoient extrêmement curieuses : dans les unes les parois, la voûte & le fond avoient été parfaitement unis & lissés presque partout par la violence des courans de lave brûlante qui y avoient successivement passé pendant plusieurs semaines; dans d'autres, la lave avoit laissé sur les parois du canal des incrustations de scories très-extraordinaires : des sels blancs en forme de stalactites, & présentant de superbes ramifications, pendoient aussi de la voûte de ces galeries en beaucoup d'endroits.

QUOIQUE ces sels du Vésuve soient teints en vert ou en jaune, soit pâle, soit foncé par la vapeur des substances minérales, on pense ici qu'ils ne sont pour la plupart que du sel ammoniac.

DANS le mois de Mai dernier, il y eut une éruption considérable du Vésuve, qui me fit passer une nuit sur la montagne avec un de mes Compatriotes, aussi ardent que moi pour cette branche intéressante de l'Histoire Naturelle (a).

NOUS vîmes bien complétement la

____

(a) M. Bowdler, &c. Bath.

marche & les opérations de la lave dans les canaux dont je viens de parler; mais il nous fallut de la persévérance, & même un certain degré de courage. Après que la lave eut quitté ses canaux réguliers, elle se répandit dans la ville; elle y couloit lentement, chargée de scories, & semblable à une riviere qui charrie des glaçons. Le vent ayant changé au moment où nous étions tout près de co fleuve de lave à marche lente, qui pouvoit avoir cinquante ou soixante pieds de largeur, nous fûmes tellement incommodés par la chaleur & par la fumée, que nous aurions été forcés de retourner sur nos pas, sans avoir pu satisfaire notre curiosité, si notre guide (*a*) ne nous eût

---

(*a*) Bartolomo, surnommé *le Cyclope du Vésuve*, qui m'a suivi dans toutes mes expéditions sur cette montagne, & qui est un excellent guide.

proposé l'expédient de passer de l'autre
côté; ce qu'il exécuta sur le champ, à
notre grand étonnement, mais avec si peu
de difficulté, que nous le suivîmes sans
hésiter. Nous n'éprouvâmes pas d'autre
incommodité que celle d'une chaleur
très-vive aux jambes & aux pieds : la
croûte de la lave étoit si épaisse, & chargée d'ailleurs de tant de cendres & de
scories, que le poids de notre corps n'y
fit pas la moindre impression ; & son
mouvement étoit si lent, que nous ne
courûmes aucun risque de perdre l'équi-
libre & d'y tomber. Il n'y a cependant
qu'un cas de nécessité qui doive faire
tenter cette expérience ; & mon seul
dessein, en la rapportant ici, est de l'indiquer aux personnes qui, dans une expédition comme la nôtre, auroient le
malheur de se trouver enfermées entre
deux courans de lave.

AINSI débarrassés de la chaleur & de la fumée qui nous avoient fort incommodés, nous côtoyâmes le fleuve de lave & ses canaux, en remontant jusqu'à la source qui étoit à un quart de mille du cratere. La matiere liquide, brûlante & rouge, bouillonnoit violemment; elle produisoit un bruit de sifflement & de pétillemens semblables à ceux d'un feu d'artifice; & les éclaboussures continuelles de la matiere vitrifiée avoient formé une espece d'arche ou de dôme sur la crevasse d'où sortoit la lave. Cette crevasse étoit fendue en beaucoup d'endroits, & son intérieur, d'un rouge vif & brûlant, ressembloit à un four terriblement échauffé.

CE monticule creux pouvoit avoir environ quinze pieds de hauteur; la lave qui couloit de sa cavité étoit reçue dans un canal régulier, élevé sur une

espece de muraille de scories & de cendres presque perpendiculaire, haute de
huit ou dix pieds, & ressemblant beaucoup à un aqueduc antique.

Nous montâmes ensuite au cratere du
Volcan, dans lequel nous trouvâmes,
comme à l'ordinaire, une petite montagne qui jetoit des scories & des matieres rouges & brûlantes avec une forte
explosion ; mais la fumée & l'odeur de
soufre étoient si insupportables, que nous
fûmes obligés de quitter, avec la plus
grande précipitation, cette station intéressante.

Dans une autre de mes visites au
Vésuve, l'année derniere, je ramassai
quelques fragmens de cristaux gros &
réguliers de lave à grain serré ou basalte,
dont le diametre, lorsque les prismes
étoient complets, pouvoit avoir huit ou
neuf

neuf pouces. Cette découverte me fit le plus grand plaisir, parce qu'on ne trouve nule part au Vésuve des laves réguliérement cristallisées, & formant ce que l'on nomme vulgairement *chauffée de Géans*, excepté une lave qui coula jusque dans la mer en 1632, près de Torre del Greco, qui en présente quelques apparences.

Les symptomes ordinaires d'une éruption prochaine, tels que les bruits sourds & les explosions dans les entrailles du Volcan, une grande quantité de fumée sortant avec force de son cratere, & de temps en temps accompagnée de jets de scories & de cendres rougies & brûlantes, se manifestérent plus ou moins durant tout le mois de Juillet, & vers la fin de ce mois ils s'augmenterent au point de présenter dans la nuit le plus beau feu d'artifice qu'on puisse imaginer.

R

Ces especes de jets de cendres rougies &
d'autres matieres volcaniques, qui, dans
l'obscurité de la nuit, sont si lumineuses
& si brillantes, paroissoient, au grand
jour, autant de taches noires dans une
fumée blanche; & c'est cette circonstance qui a donné lieu à la supposition
populaire, mais fausse, que les Volcans
brûlent avec plus de violence la nuit que
le jour.

Le Jeudi 5 Août dernier, vers deux
heures après midi, étant dans ma maison de campagne, qui est située au Pausilippe, dans la baie de Naples, & d'où
je vois parfaitement le Vésuve, qui est
précisément en face & à la distance d'environ six milles en ligne droite, j'apperçus que le Volcan étoit dans une
très-violente agitation : une fumée blanche & sulfureuse sortoit continuellement
avec impétuosité de son cratere, & l'ac-

cumulation des bouffées fucceffives qui
fe pouffoient vivement l'une l'autre, formoit des nuages de fumée qui reffem-
bloient à des balles du coton le plus
blanc. Il s'en affembla bientôt un fi grand
volume fur le fommet du Volcan, que
ce nuage devint en hauteur & en grof-
feur quatre fois plus grand que la montagne elle-même : au milieu de cette
fumée blanche, une immenfe quantité
de pierres, de fcories & de cendres étoit
lancée à une hauteur furprenante, &
certainement pas à moins de deux mille
pieds. J'apperçus auffi, à l'aide d'un
excellent télefcope de Ramfden, que
de temps en temps une maffe de lave
liquide, qui paroiffoit fort pefante, fe
foulevoit affez pour paffer par-deffus les
bords du cratere, & fe précipiter enfuite
impétueufement par l'efcarpement du
Véfuve, qui regarde le Monte Somma.
Bientôt après, une lave fe fit jour du

R ij

même côté ; & vers le milieu du cône du Volcan, & après avoir coulé pendant quelques heures avec violence, elle s'arrêta tout-à-coup, justement avant d'arriver aux parties cultivées de la montagne qui domine Portici, & à quatre milles environ du lieu de sa sortie.

J'AI été informé depuis, & ce rapport mérite confiance, que pendant l'éruption de ce jour, la chaleur avoit été insupportable dans les villes de Somma & d'Ottaïano, & qu'elle fut même très-sensible à Palma & à Lauro, qui sont beaucoup plus éloignées du Vésuve que les deux premieres. Il tomba à Somma & à Ottaïano de menues cendres encore rouges, en pluie si épaisse, que le jour en fut obscurci au point de ne plus laisser distinguer les objets à la distance de dix pieds ; de longs filamens de matiere vitrifiée, semblables aux fils de verres arti-

ficiels, tomboient mêlés avec ces cendres; & la fumée sulfureuse étoit si violente, que plusieurs oiseaux furent suffoqués dans leurs cages, & que les feuilles
des arbres, au voisinage de Somma &
d'Ottaïano, furent couvertes de sels
blancs très-corrosifs. Vers deux heures
de l'après-midi de ce même jour, plusieurs habitans de Portici virent bien distinctement un globe extraordinaire de
fumée, d'un très-grand diametre, sortir
du cratere du Vésuve, & s'avancer avec
une grande vîtesse vers le Monte Somma,
contre lequel il se brisa, laissant après lui
une traînée de fumée blanche, qui mar-
quoit la route qu'il avoit suivie. J'apperçus
clairement de ma maison de campagne
cette traînée, qui dura quelques minutes;
mais je ne vis pas le globe lui-même.

Un malheureux Ouvrier, qui faisoit
des fagots sur la montagne de Somma,

perdit la vie pendant cette éruption ; &,
comme l'on n'a pas retrouvé son corps,
on présume que, suffoqué par la fumée,
il sera tombé des rochers escarpés sur
lesquels il travailloit, dans la vallée, &
qu'il aura été enseveli sous le courant de
lave qui y coula peu après. Son âne,
qui l'attendoit en bas, abandonna très-
judicieusement la place aussi-tôt que le
Volcan s'irrita, &, arrivant sain & sauf à
la maison, donna la premiere alarme à
la famille de son pauvre maître.

On a remarqué généralement que les
explosions du Volcan furent suivies d'un
plus grand bruit ce jour-là que tous les
jours suivans, parce que probablement
la bouche du Vésuve s'étoit élargie, &
que les matieres volcaniques avoient un
passage plus libre. Il est pourtant certain
que la grande éruption de 1767, qui,
à tous les autres égards, fut douce en

comparaison de cette derniere-ci, occasionna de beaucoup plus grandes secousses dans l'air, par ses explosions plus
bruyantes.

LE Vendredi 6 Août, la fermentation de la montagne fut moins vive :
mais vers midi, un grand bruit se fit entendre ; & l'on suppose que dans ce moment, la petite montagne, qui étoit
dans l'intérieur du cratere, étoit tombée.
Le soir, les jets que lançoit le cratere
augmenterent ; ils sortoient évidemment
de deux bouches séparées, qui, jetant
des scories rouges & brûlantes dans différentes directions, produisoient un feu
d'artifice presque continuel, & de la plus
grande beauté.

LE Samedi 7 Août, l'état du Volcan
fut à peu près le même : mais, vers minuit,
sa fermentation augmenta beaucoup ; &

R iv

c'est de ce moment que l'on peut dater le second accès. J'étois sur le môle de Naples, d'où l'on voit parfaitement le Volcan ; j'épiois tous ses mouvemens, & j'avais été témoin de plusieurs beaux & pittoresques effets produits par la réflexion de la flamme d'un rouge foncé, qui sortoit du cratere du Vésuve, & qui s'élevoit au milieu des immenses nuages de fumée, lorsqu'un de ces orages d'été, que l'on appelle ici *tropea*, vint subitement mêler ses nuées aqueuses & pesantes aux nuées sulfureuses & minérales, qui, semblables à autant de montagnes, s'étoient amoncelées sur le sommet du Volcan : on vit à cet moment un gros jet de feu s'élancer à une hauteur incroyable, & jeter une lumiere si brillante, qu'à sept milles & plus autour de ce Volcan, l'on put distinguer clairement les plus petits objets (*a*).

____

(*a*) Voyez la Note XXXI.

LES nuages noirs de l'orage, qui paſſoient rapidement, couvroient, dans des
inſtans, en tout ou en partie, la brillante
colonne de feu, & dans d'autres ils la dé-
couvroient & la laiſſoient voir dans ſon
entier avec les différentes couleurs que
produiſoit ſa lumiere réverbérée par les
nuages blancs au deſſus, en contraſte
avec la pâle lueur des éclairs ſerpentans
qui accompagnoient la *tropea*; tout cela
préſentoit un ſpectacle dont aucun art
ne peut donner l'idée.

LES effets pittoreſques que produiſoit
à Naples la perſpective du Volcan, le
7 Août, ſont au deſſus de toute deſcription; le ſpectacle étoit plus beau & plus
ſublime que l'imagination la plus vive ne
peut ſe le peindre. La grande exploſion
ne dura pas plus de huit ou dix minutes,
après leſquelles le Véſuve fut entiérement
éclipſé par les nuages noirs de la *tropea*,

qui donnerent une terrible averse de pluie.

Il tomba dans cette éruption quelques scories & de petites pierres à Ottaïano, & quelques-unes d'une grosseur considérable entre le Vésuve & l'Hermitage. Tous les habitans des différentes villes qui sont au pied du Volcan étoient dans les plus vives alarmes, & se préparoient à abandonner leurs maisons, si l'éruption avoit duré plus long-temps.

Un Garde-Chasse de Sa Majesté Sicilienne, qui étoit au milieu des champs, près d'Ottaïano, pendant que cette tempête combinée étoit dans la plus grande force, fut très-surpris de se sentir le visage & les mains brûlés par les gouttes de pluie : apparemment que les nuages, en traversant la colonne de feu dont j'ai parlé plus haut, avoient acquis un grand degré de chaleur. C'est le Roi de Naples qui m'a fait l'honneur de m'apprendre ce fait vraiment curieux.

Le Dimanche 8 Août, le Vésuve fut tranquille jusque vers six heures du soir, qu'une grande fumée commença à s'amonceler sur son cratere : environ une heure après, un bruit sourd & souterrain se fit entendre dans le voisinage du Volcan; les jets ordinaires de pierres rougies & brûlantes, & de scories, commencerent & devinrent, d'instans en instans, plus violens. J'étois alors à Pausilippe avec plusieurs de mes compatriotes, & nous observions, avec de bonnes lunettes, les phénomenes intéressans du cratere du Vésuve, que nous pouvions, avec ce secours, distinguer aussi parfaitement que si nous avions été sur le sommet même de la montagne. Le cratere paroissoit avoir été fort agrandi par

la violence des explosions de la nuit précédente , & la petite montagne n'existoit
plus. Vers neuf heures il y eut une
grande explosion qui secoua si terriblement les maisons de Portici & du voisinage , que les habitans effrayés se répan-
dirent dans les rues. J'y ai vu depuis
beaucoup de fenêtres brisées & des murs
fendus par la secousse qu'avoit imprimée
à l'air cette explosion, qui ne fut pourtant
entendue que foiblement à Naples.

Au même instant, un jet de feu transparent & liquide commença à s'élever;
& , augmentant par degrés, il parvint à
une si singuliere hauteur, que tous les
spectateurs furent frappés du plus terrible
étonnement. Peut-être aurez-vous, Monsieur, de la peine à me croire, si je vous
assure qu'autant que j'en ai pu juger, la
hauteur de cette admirable colonne de
feu n'étoit certainement pas moindre que

trois fois la hauteur perpendiculaire du Vésuve lui-même, qui, comme vous le savez, est de 3700 pieds au dessus du niveau de la mer.

Des bouffées de la plus noire fumée, qui se succédoient rapidement, accompagnoient cet jet liquide & transparent de lave rouge & brûlante, interrompant çà & là son éclat brillant par de gros flocons de la teinte la plus obscure. J'apperçus dans ces bouffées de fumée, au moment où elles s'élançoient du cratere, des étincelles électriques brillantes, mais d'une nuance pâle, qui serpentoient en zigzag avec beaucoup de vivacité.

Le vent étoit au sud-ouest; & quoique foible, il y en avoit cependant assez pour chasser ces nuages ou bouffées de fumée, & les détacher de la colonne de feu : & un monceau de ces nuages forma par

degrés derriere elle (si l'on me permet
l'expression) une tenture noire fort étendue, tandis que dans d'autres parties, le
ciel étoit parfaitement clair, & les étoiles
très-brillantes.

CETTE fontaine de feu jaillissant, d'un
si immense volume, faisoit sur le fond
noir dont je viens de parler le contraste
le plus superbe; & son éclat, vivement
réfléchi sur la surface de la mer, alors
parfaitement unie & tranquille, ajoutoit
beaucoup à la magnificence de ce spectacle vraiment sublime.

LA lave liquide mêlée de pierres &
de scories, après s'être, je crois, élevée
bien à deux mille pieds, fut dirigée en
partie par le vent vers Ottaïano; &
partie tombant encore liquide, rouge &
brûlante, presque perpendiculairement
sur le Vésuve, elle couvrit toute la partie

conique, une grande partie du Monte Somma & la vallée qui les sépare. La matiere qui tomboit étant presque aussi enflammée & ardente que celle qui s'élançoit à chaque instant du cratere, formoit avec elle une seule masse de feu qui n'avoit pas moins de deux milles & demi de diametre, & qui s'élevant, comme je l'ai dit, à une hauteur extraordinaire, jetoit une vive chaleur à la distance de six milles au moins autour d'elle.

LES broussailles qui couvroient le Monte Somma, furent bientôt en feu; & leur flamme, dont la teinte différoit du rouge foncé de la matiere lancée par le Volcan, & du bleu argentin des étincelles électriques, produisoit encore un nouveau contraste dans cette scene extraordinaire.

LE gros nuage noir, extrèmement

augmenté, s'étendit un inftant vers Naples, & fembloit menacer cette belle ville d'une prompte deftruction; car il étoit chargé de matieres électriques, qui lançoient fans cefle autour de lui des zigzags ou ferpentaux d'une force & d'un brillant terrible, tels précifément que ceux décrits par Pline le Jeune dans fa Lettre à Tacite, qui accompagnoient la grande éruption du Véfuve, fi funefte à fon oncle. J'ai cependant remarqué que ces éclairs volcaniques s'écartoient très-rarement du nuage, & retournoient communément à la grande colonne de feu vers le cratere du Volcan, qui étoit aufli l'origine du nuage. Mais une ou deux fois je vis ces éclairs, que l'on nomme ici *ferilli*, tomber fur le fommet du Monte Somma, & mettre le feu à des herbes feches & à des buiffons.

HEUREUSEMENT pour nous, le vent du

du sud-ouest ayant fraîchi, repoussa le nuage au moment où il atteignoit la ville & commençoit à y causer le plus violent effroi. Tous les divertissemens publics cesserent tout à coup : les portes des théatres furent fermées, & l'on enfonça celles des Eglises. De nombreuses processions se formerent dans les rues ; les femmes & les enfans échevelés remplissoient l'air de leurs cris, & demandoient avec fureur que l'on opposât sur le champ les Reliques de Saint Janvier à la furie de la montagne : en un mot, la populace de cette grande ville commença à déployer ce mélange extravagant d'esprit de sédition & de bigoterie qui le caractérise ; & si l'on n'eût pas pris à propos les plus promptes précautions, Naples auroit peut-être couru beaucoup de risque, tant par l'emportement de la derniere classe de ses habitans, que par le courroux du Volcan.

S

Mais revenons à mon sujet. Après que la colonne de feu eut subsisté dans sa grande force pendant près d'une demi-heure, l'éruption cessa subitement, & le Vésuve resta morne & silencieux.

Après la lumiere éclatante de la colonne (a) de feu, tout parut affreux & obscur, excepté le cône du Vésuve, qui étoit couvert de cendres & de scories enflammées, de dessous lesquelles il s'échappoit çà & là, de temps à autres, de petits ruisseaux de lave liquide, qui

---

(a) La lumiere que répandoit cette immense colonne de feu étoit si forte, qu'à la distance de dix milles, & même plus, autour de la montagne, l'on distinguoit clairement les plus petits objets. M. Morris, Gentilhomme Anglois, me dit qu'à Sorrento, qui est à douze milles du Vésuve, il avoit lu le titre d'un Livre à la seule lueur de cette lumiere volcanique.

se précipitoient par les escarpemens du Volcan. Ce spectacle me rappela la description de l'Etna par Martial :

Cuncta jacent flammis, & tristi mersa favilla.

PENDANT toute la durée de l'éruption, l'on sentit dans les quartiers de Naples qui sont les plus près du Vésuve, une odeur semblable à celle que pourroient produire les vapeurs de soufre mélées aux vapeurs qu'exhale une fonderie de fer : mais en s'approchant de la montagne, cette odeur devenoit très-nuisible, ainsi que je l'ai souvent éprouvé, quand j'ai visité le Vésuve pendant quelque éruption.

JE désire, Monsieur, que cette Relation puisse vous donner au moins une foible idée d'un spectacle si majestueux & si sublime, que l'œil humain n'a peut-être jamais rien vu d'approchant, ou du moins à ce degré de perfection.

S ij

Je fais bien (& je m'en fuis convaincu par les traces des anciennes éruptions que j'ai obfervées dans les couches volcaniques, dont la plus grande partie de ce pays eft compofé) qu'il y a eu un grandn ombre d'éruptions plus confidérables que cette derniere : mais il eft probable que ces éruptions très - violentes ont été accompagnées de tremblemens de terre & d'autres circonftances affez alarmantes pour occuper moins les fpectateurs des belles & magnifiques fcenes produites par ces phénomenes, que du foin de pourvoir à leur fûreté; ou bien que des nuages de fumée & de cendres, comme cela eft fort ordinaire dans toutes les grandes éruptions, auront obfcurci le Volcan de maniere à ne laiffer paroître qu'une maffe confufe de fumée & de feu.

Fin du Texte.

NOTES
ET COMMENTAIRES
Ajoutés a cette Édition.

L'Ouvrage de M. Hamilton n'a
besoin ni de commentaires ni de dissertations. Il est plein d'observations écrites
avec tant de clarté, qu'il est à la portée
de toutes les classes de Lecteurs. Comme
Naturaliste, il décrit les phénomenes des
Volcans avec cette simplicité qui décele
l'Observateur intelligent & éclairé ; comme
Peintre, il présente la Nature en convul-
sion avec toute l'énergie d'un savant Anglois. Son Ouvrage differe, dans cette
partie, de toutes les descriptions des
François, des Allemands, des Italiens.

L'Histoire du Ministre Britannique

est dans ces deux genres un Ouvrage parfait : je crois néanmoins qu'en rapprochant & en comparant les observations faites sur les Volcans situés en deçà des monts, à celles qui ont été faites en delà, on peut acquérir de nouvelles idées sur le feu volcanique, sur ses forces, sur ses produits, & sur l'uniformité de ses opérations dans toutes les contrées du globe, & dans tous les âges de la Nature, depuis les plus anciens monumens des feux volcaniques, jusqu'aux effusions ardentes & modernes, décrites avec tant d'intérêt par M. Hamilton, le Pline moderne du Vésuve.

DANS l'Histoire de la Nature, comme dans toutes les especes de connoissances, on n'acquiert de nouvelles vues que par la comparaison de plusieurs objets : il a fallu observer les laves solides & compactes du Vésuve, & les basaltes de nos

vieux Volcans de la France méridionale,
pour juger que le feu volcanique prépa-
roit dans ses souterrains une matiere analogue, tant en Italie qu'en France, &
dans les anciens âges de la Nature
comme dans les modernes. Il a fallu
observer les Volcans éteints, considérer
comment cette lave basaltique domine
parmi toutes leurs productions, comme
la lave solide & compacte domine dans
les effusions des Volcans modernes,
pour juger que les variétés sont analogues dans la quantité de la masse
vomie.

Ces observations ont permis alors de
conclure l'uniformité des opérations &
des produits des Volcans. La comparaison est donc une excellente méthode
pour faire des progrès dans les Sciences
exactes.

S iv

NOTE PREMIERE.

Sur les Auteurs Systématiques.

Il est fâcheux, dit M. Hamilton, *que ceux qui ont écrit le plus sur l'Histoire Naturelle, n'aient pas eu recours aux observations locales ; mais qu'ils aient trop légérement adopté des systèmes peut-être formés dans des cabinets, avec aussi peu d'expérience que de fondement*, &c. Page 7.

L'Auteur s'éleve ici contre les Naturalistes des Capitales, qui écrivent l'Histoire Naturelle dans leur cabinet ; tels les Systématiques & les Classificateurs : bientôt tous les Savans avoueront d'un commun accord qu'on ne doit regarder comme Ouvrages originaux en Histoire Naturelle, que ceux qui ont

été écrits sur les lieux, sur les sommets
de montagnes presque inaccessibles, &
dans les profondes vallées qui les sépa-
rent : ce seul spectacle imposant de la
Nature, peut dicter un systéme vraisem-
blable, & c'est des Observateurs qu'on
doit l'attendre. On sait que les découvertes les plus importantes en Physique
& en Histoire Naturelle, celles qui sont
encore les fondemens de nos raisonnemens, & qui doivent passer à la postérité, ont été faites sur des montagnes.
Telle la découverte de la pesanteur de
l'air, telle celle des anciens Volcans
éteints par M. Guettard, &c.

SCHEUCHZER a décrit les montagnes
des Alpes ; & quoique la Théorie Physique ait changé depuis que ce Naturaliste observoit, ses Descriptions, véritables copies de la Nature, dureront
autant que la Nature même.

C'est donc dans le sanctuaire de la Nature exclusivement qu'on peut étudier ses anciennes opérations : elle a déposé les monumens de ses travaux dans les contrées lointaines, isolées & montagneuses ; tandis que les Capitales n'offrent de toutes parts que la Nature travestie ; l'ouvrage de la main des hommes s'y voit presque exclusivement.

Que sont donc pour un Philosophe ces petits échantillons de montagnes, de Volcans, & de mines ? Si M. le Chevalier Hamilton n'eût eu le courage de quitter ses foyers, de braver l'intempérie des saisons, d'observer le Vésuve comme un autre Pline, pendant ses plus effrayans phénomenes ; s'il eût fixé ses regards sur des échantillons ; s'il eût classifié les variétés des productions, il eût donné un Catalogue ou un Dictionnaire à la place de son Livre profond en raisonnemens.

Si j'ai insisté sur cette méthode d'écrire l'Histoire Naturelle, ce n'est pas que je pense qu'on doive dans les Sciences bannir les Nomenclateurs : une nomenclature bien faite, celle sur-tout qui est dégagée des systêmes, & de tout ce qui est arbitraire dans les Sciences ; celle qui est fondée sur-tout sur les vérités découvertes par les Observateurs, seroit en Histoire Naturelle un Livre excellent. J'ai voulu seulement, de concert avec le célebre Hamilton, montrer que la véritable méthode de traiter l'Histoire Naturelle, ne consiste point à imaginer des systêmes, ni à composer des Ouvrages d'après des échantillons, mais à étudier le grand Livre original de la Nature : j'ai montré ainsi la différence qui se trouve entre un Nomenclateur & un Observateur de la Nature, afin qu'on ne confonde point le Naturaliste avec un acquéreur d'échantillons, de mor-

ceaux de mine , & de petites pierres, ni
avec un faiſeur de Catalogues, dont la
méthode rétrécie eſt incapable de repré-
ſenter la Nature avec cette majeſté qui
l'environne de toutes parts , & qui ſe
manifeſte dans tous ſes regnes, depuis
l'aigle qui s'éleve, juſqu'au ver rampant,
& depuis le grain de ſable juſqu'à ces
roches vives élevées à perte de vue juſ-
que dans la région des nues.

NOTE II.

Sur la méthode de M. le Chevalier Hamilton.

Convaincu des dangers des systêmes, je m'en suis écarté, me bornant aux simples Relations de ce que j'ai observé moi-même. Page 10.

Après avoir insisté sur la nécessité d'observer la Nature sur les lieux où elle semble étaler ses merveilles, l'Auteur s'élève encore contre les systêmes, & présente l'observation comme la véritable méthode de traiter l'Histoire de la Nature. Mais les observations *nouvelles* ne font jamais sans un résultat *nouveau*, & la nouvelle découverte est, pour les Naturalistes de la Capitale, une véritable idée systématique. Par exemple, avant l'Ouvrage de M. le Chevalier Hamilton, on croyoit que les produits volcaniques étoient des ouvrages peu considérables d'un feu passager & peu important; quelques pyrites, de l'eau & du soufre en étoient les agens; le feu brûloit au sommet, & non dans les concavités souterraines de la montagne; l'Histoire des Volcans étoit traitée d'une maniere mesquine & aussi rétrécie que les échantillons & les petits faits des laboratoires de Chimie, auxquels on osa associer les opérations des Volcans.

IL étoit réservé à MM. Hamilton, Bridonne, Choiseul-Gouffier, Ferber, de la Lande, Desmarest, Guettard, &c. de nous dépeindre la force des Volcans & l'immensité de leurs produits, & à renverser les frêles systêmes établis sur une expérience chimique, & sur des échantillons.

Une nouvelle doctrine, il est vrai, passe d'abord pour un Ouvrage systématique : on avoue difficilement des erreurs vieilles & accréditées ; mais on les reconnoît tôt ou tard ; & il n'appartient qu'à ces célebres Voyageurs, à ces Auteurs originaux, de fixer sur ces matieres l'opinion publique.

N'ont-ils pas un droit incontestable à cette opinion ? Réunissez les Ouvrages de ces Observateurs célebres, & voyez dans quelles situations diverses ils se sont trouvés ; voyez comment ils passent les mers, parcourent les climats, & s'exposent à souffrir de la faim, de la soif, du froid, du chaud, de la neige, & de la pluie : les Naturalistes Observateurs ont déjà grimpé sur tous les pics accessibles ; ils ont parcouru les montagnes dont les sommets se perdent dans les nues ; ils ont respiré la vapeur meur-

triere & sulfureuse des feux du Vésuve
& de l'Etna ; ils ont respiré l'air glacé
des Pyrénées & des Alpes ; ce n'est
qu'à ces conditions qu'ils ont osé écrire
l'Histoire de la Nature : que de sueurs
supposent les Ouvrages des Hamilton,
de Saussure, de Luc, &c. : quand on
a souffert comme eux, on est touché en
jetant les yeux sur leurs Ouvrages.

Ce sont ces Ouvrages qu'on a osé
traiter d'Ouvrages systématiques, parce
qu'ils présentent de nouvelles vérités.

Les Ouvrages véritablement systématiques, au contraire, sont le produit de l'imagination & du repos du corps. Mollement
logés dans les Capitales, leurs Auteurs
choisissent quelques faits de Physique ou
d'Histoire Naturelle les plus ingénieux &
les plus féconds en conséquences justes
ou imaginées ; ils réunissent des faits à
des

des faits qu'ils n'ont pas observés, &
dreſſent un corps ſyſtématique, vrai fan-
tôme qui ne repréſente que l'ombre de
la Nature.

TELS les Auteurs des Romans, qui travaillent pour amuſer les citoyens oiſifs,
pour mouvoir les paſſions, pour écrire de
magnifiques menſonges; ils choiſiſſent les
ſituations de l'homme en ſociété les plus
touchantes, effrayantes ou paſſionnées:
les Lecteurs qui aiment à être attendris,
& qui ſe permettent des ſenſations dou-
loureuſes ou agréables, occaſionnées par
ces lectures, paſſent quelques momens
de plaiſir, comme ceux qui liſent des
Ouvrages ſyſtématiques, repaiſſent leur
imagination. Mais il y a loin de ces Ouvrages à la véritable Hiſtoire de la Nature, comme à l'Hiſtoire du cœur humain.

T

NOTE III.

SUR LE FEU DES VOLCANS.

M. DE BUFFON.... n'accorde aux feux souterrains, dit M. Hamilton, *que le pouvoir d'élever de petits monticules : il pense que le siége de ces feux n'est que très-superficiel, &c.* Pag. 11.

M. LE CHEVALIER HAMILTON, citant ici l'illustre Auteur de l'Histoire Naturelle, nous rappelle que dans sa Théorie de la Terre, ce grand Philosophe attribuoit à l'eau la formation des montagnes du globe. L'Observateur des feux du Vésuve & de l'Etna, qui a vu combien le feu agissoit en grand dans la formation de ces montagnes, se montre très-sensible à l'indifférence que M. le Comte de Buffon a témoignée sur les Volcans, ne leur donnant qu'un très-petit pouvoir dans la distribution des forces de la Nature.

M. DE BUFFON aura sans doute mieux satisfait l'Observateur des feux Vésuviens dans son Livre sur les époques de la Nature, où cet élément joue le rôle important.

DANS cet Ouvrage, le feu agit en grand dans l'Univers; jamais son empire n'avoit été aussi étendu; le soleil est enflammé; la terre en tire son origine par le choc d'une comete, dit M. de Buffon; elle reste long-temps incandescente, brûlante, & dépourvue d'êtres organisés vivans; elle se refroidit ensuite peu à peu, & donne naissance aux différentes familles d'animaux.

LES montagnes granitiques sont les

monumens, dit le même Auteur, de l'ancienne fufion du globe. Tous les pics chauves & arides qui ceignent le globe, & qui font les fondemens des roches calcaires, ouvrage de l'eau, font le réfultat des opérations du feu, felon M. de Buffon.

Plusieurs Physiciens conteftent aujourd'hui à ce célebre Naturaliste la déflagration du foleil; mais je crois qu'il faut démontrer, pour renverfer cette vérité, que cet aftre ne projette point les fept rayons lumineux comme nos feux factices; qu'il n'éclaire point comme nos feux factices; qu'il n'eft point agité dans fes parties inteftines comme nos feux factices; qu'il n'eft point agité du centre à la circonférence comme nos feux factices; qu'il n'échauffe pas comme nos feux factices; qu'il ne met point en activité les fluides expofés à fon afpect comme nos feux factices.

L'analogie des phénomenes peut-elle être mieux prouvée, & peut-on nier que le soleil soit en état de déflagration, lorsque ses phénomenes sont les mêmes que les phénomenes de nos feux factices atmosphériques ?

Toutes ces propriétés, à la vérité, ne font point du tout essentielles à la matiere en état de déflagration (comme le démontreront MM. le Baron de Marivates & Goussier, dans la Physique du Monde, où ces deux Auteurs ont développé tant de principes ingénieux & d'idées relevées) : il est fort indifférent à la matiere d'être lumineuse ou non, chaude ou non ; le feu n'est qu'une propriété particuliere accidentelle : mais parviendra-t-on jamais à prouver que le principe qui agit dans le soleil qui éclaire, qui échauffe, qui agit du centre à la circonférence, est différent du principe

qui produit le même effet dans nos feux
factices ? On nous montrera bien que la
lumiere n'est que passive dans le feu
solaire ; que le soleil ne la projette peut-
être pas aux dépens de sa substance ;
qu'elle est répandue dans le globe : on
prouvera peut-être encore que le principe qui la répand est le principe de
la chaleur.

Mais pourra-t-on nier que les mêmes
phénomenes observés dans nos feux factices , n'appartiennent point au même
principe ? & en montrant que le feu n'est
qu'un mouvement rapide expansif des
molécules insensibles de la matiere (ce
qui deviendra bientôt une définition du
feu), pourra-t-on nier que cette force ne
soit dans le soleil comme dans nos feux
factices ? Il paroît donc, qu'en prouvant
que le soleil n'est que la cause occasion-
nelle de la chaleur & de la lumiere, on ne

peut refuſer le même pouvoir à nos feux
factices.

ALORS la cauſe, ſoit de la chaleur,
ſoit de la lumiere, ſoit de la déflagration,
ſera par-tout la même.

VICTORIEUSE de tous les autres élémens, cette cauſe, quelle qu'elle puiſſe
être, domine tout l'Univers par ſon activité; elle eſt l'ame des êtres organiſés;
elle maintient la circulation de leurs fluides; les autres élémens, ſans elle, ne
ſeroient qu'une maſſe morte & inerte:
tout ſeroit ſolide; il n'exiſteroit aucun
milieu flexible dans l'Univers, ſans le
ſecours de cet élément: ce qui me porte
à croire que le feu élémentaire eſt une
matiere ſolide très-diviſée, éminemment
élaſtique, diviſible & active, jouiſſant
d'une grande affinité avec tout ce qui eſt
volatil & ſuſceptible d'expanſion, offrant

T iv

à nos sens exposés à son activité les sensations de chaleur, d'ignition, d'incandescence, selon la plus grande ou la
moindre activité de ses principes élé-
mentaires, actifs & constituans.

Le feu est donc l'ame du monde; &
c'est au feu, je crois, qu'il faut attribuer
la fabrique de la Nature : il domine en
quantité & en activité tous les élémens;
il agit dans notre sphere, qu'il vivifie,
occupant le centre de toutes choses, &
remplissant la masse solaire : il agit dans
les étoiles fixes de la même maniere : sa
masse ne sera jamais calculée; de sorte
que les autres élémens, l'air & l'eau, ne
sont que des élémens secondaires, qu'il
modifie de mille manieres.

Le feu domine donc dans le monde,
& sa masse ne peut être comparée à aucune idée, quelque étendue qu'on la

suppose..... Il a dominé encore dès le commencement à la formation du globe; & M. de la Metherie vient de prouver, dans un excellent Mémoire sur la cristallisation, inféré dans le Journal de Physique du mois d'Avril 1781, que la cristallisation a formé toutes les parties hétérogenes du globe terreftre.

Mais toute cristallisation ou réunion spontanée de molécules conftituantes, suppose un fluide; tout fluide suppose du feu; toute action du feu suppose l'acte préfent d'un agent moteur qui ordonne les formes. Le feu a donc dominé dans la fabrique du globe & dans fon origine, lorfqu'il fortit du chaos.

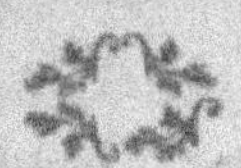

NOTE IV.

Sur la matiere basaltique des Volcans.

Il n'y a plus de doute, dit l'Auteur, que *par-tout où l'on trouve des colonnes basaltiques*, il n'y ait eu des *Volcans*, &c. Page 12.

LE basalte, que Pline a si bien défini par ces quatre mots, *ferri coloris & duritiei*, est une lave à demi vitrifiée, très-solide, lorsque les agens naturels qui la détruisent n'ont point attaqué la cohérence de ses parties constituantes & sonores : elle est très-ferrugineuse, susceptible de fusion, & d'un beau poli, attirable par l'aimant, homogene dans ses parties, étincelante au choc du briquet, &c.

La forme que prend cette lave en se refroidissant, est prismatique, lorsque les loix nécessaires à cette configuration ont eu lieu : on ne peut se refuser de croire, que passant de l'état de torréfaction à celui d'un refroidissement de toute sa masse, cette lave ne doive au retrait des parties la division en colonnes prismatiques, différant ainsi des substances malléables qui ont la faculté, par le ressort de leurs parties constituantes, de se remettre dans leur premier état de continuité pendant leur refroidissement ; tandis que les matieres appelées *aigres*, sans douceur ou flexibilité dans leurs principes, les matieres vitreuses sur-tout, pétillent & se fendent en tout sens, lorsque les refroidissemens sont trop précipités ; & c'est à l'économie de ces refroidissemens, que je rapporte les fentes régulieres ou irrégulieres des scissures d'une lave basaltique.

Plusieurs perfonnes ont cru appercevoir dans cette efpece de lave un refte
de déjection boueufe de Volcan; mais
fi elles s'étoient jamais donné la peine
de voyager dans les contrées où les magnifiques coulées bafaltiques s'offrent au
Naturalifte, elles auroient apperçu que
cette lave devient fpongieufe en plufieurs
endroits de la coulée, fans changer de
couleur; qu'on y trouve fouvent des blocs
de granit vitrifié; que ces granits, fur-
pris par le feu, y ont été tellement dé-
compofés, qu'ils ont formé plufieurs iris
dont ils font les centres; elles auroient obfervé enfin, que lorfque cette matiere a
coulé fur des fables calcaires & granitiques, elle les a en partie vitrifiés, & qu'elle
en a formé une pierre comparable aux
marbres pondingues formés par l'eau.

Le feul afpect du Volcan éteint de
Coupe d'Antraigues, l'examen des maffes

& des coulées qui forment son ensemble, confirment cette vérité : un manteau basaltique couvre la montagne; il est couvert d'une couche de lave spongieuse, mais il se manifeste dans toutes les scissures que l'eau courante forme sur la croûte extérieure de ce Volcan éteint. Si cette prétendue boue eût coulé du cratere; si ce Volcan eût été sous marin, tout eût été délayé dans l'eau; tout eût été précipité au fond.

Dans cette couche basaltique qui enveloppe le mont de Coupe, on voit au contraire une lave incandescente qui a fait entrer en fusion des pierres inférieures, que le refroidissement a surpris, & qui s'est divisée en colonnes par l'action du retrait.

Une observation faite en 1779 m'a démontré enfin que c'étoit au retrait des parties, après un état incandefcent, que le bafalte doit fa configuration prifmati-que. J'ai vu des Bergers allumer le feu fur un fol volcanique, & préparer la terre à recevoir le grain après l'avoir en-graiffée des cendres ; c'eft le fumier ordi-naire de ces contrées. Des blocs de lave ou de bafalte furent fondus par l'action du feu ; ils fe configurerent en forme de gâteau : au milieu du brafier, ce gâteau éprouva, en fe refroidiffant, un tel retrait dans fes parties, qu'il en réfulta des formes irrégulieres trapezoïdales. Ces formes euffent été fans doute géométriques, fi toutes les conditions néceffaires euffent été réunies dans ce phénomene : toujours j'obfervai les retraits des parties confti-tuantes ; & cette obfervation démontre que ce phénomene a fuivi l'état incandef-cent de la lave.

C'est ainfi qu'une demi-heure d'ob-

servation contredit souvent des systèmes
trouvés dans un cabinet par des efforts
extraordinaires d'imagination ; tandis que
la Nature dévoile ses secrets sans myste-
res , lorsqu'on l'observe dans les laboratoires où elle développe ses forces.

J'ai découvert dans le basalte l'une
des plus importantes propriétés qu'on
ait connues dans cette lave, celle de devenir aimant ; & mes recherches m'ont
fait connoître que cette substance tiroit
cette qualité de la position de la colonne,
relativement aux pôles du monde.

La chute même d'une colonne basaltique aimantée, du haut de sa carriere
dans la riviere inférieure , change les
pôles d'attraction de ce nouvel aimant.

Mais les forces attractives & répul-
sives de cet aimant basalte sont très-mé-
diocres. Une colonne provenue de la

coulée bafaltique du Volcan de Coupe d'Antraigues, lieu de ma réſidence, en Vivarais, où j'ai obſervé long-temps des phénomenes analogues, attiroit à peine une légere raclure de fer : or cette colonne peſoit plus de quarante quintaux. Voyez l'Hiſtoire Naturelle de cette lave dans le tome II, page 26 de l'Ouvrage intitulé *Hiſtoire Naturelle de la France Méridionale*. A Paris, chez Moutard, Belin, Mérigot, Quillau.

NOTE

NOTE V.

Sur les Volcans d'Auvergne.

Nous entendons parler des mêmes découvertes en Auvergne, &c. Page 15.

C'est à M. Desmarest, de l'Académie des Sciences, qu'on doit une description des basaltes qu'il a observés en Auvergne, théâtre antique de toutes les fureurs volcaniques. Cet Observateur, l'un des plus profonds que nous ayons eus en France, a débrouillé le chaos de toutes les opérations des Volcans dans cette contrée, & il a donné un ordre chronologique à leurs éruptions, qu'il a placées à trois époques distinctes.

Quant à la découverte des Volcans de cette Province, on sait qu'elle appartient incontestablement à M. Guettard, de l'Académie des Sciences.

V

NOTE VI.

SUR LES LAVES DISTORTES ET SEMBLABLES A DES CABLES PÉTRIFIÉS.

J'AI *mis dans l'envoi*, d'une suite de laves à Milord Morton, dit l'Auteur, *une piece très-curieuse qui représente exactement un cable pétrifié.* Page 49.

LA lave spongieuse de nos Volcans récens & à cratere, se manifeste quelquefois sous une forme distorte & entortillée; elle peut être comparée à un cable noué & embrouillé, de maniere qu'en suivant les détours de la lave en forme de cable, on trouve quelquefois les deux bours. J'ai envoyé en 1777 les deux plus beaux morceaux de cette lave que j'aye jamais vus, au cabinet de M. de Seguier, Secrétaire de l'Académie de Nîmes, & qui a légué sa précieuse collection à cette Société.

Cette matiere, ainsi configurée, éclaire sur deux points importans.

1°. Elle prouve, dans le courant où elle se trouve, une éruption récente ; car dans les anciens Volcans & dans les vieilles coulées de lave on ne retrouve point ces matieres fragiles ; l'eau, dissolvant universel, & destructeur de toutes les formes, a dérangé leurs parties mobiles ; elle les a triturées, coupées en tronçons, & les a changées ensuite en cailloux roulés : or il faut du temps pour opérer ces changemens. Lorsque je vois donc ces cables pétrifiés, fragiles, mobiles, bien conservés, ayant des rainures bien exprimées, & lorsque je trouve ces substances sur des Volcans à crateres, j'ai lieu de conclure une époque d'éruption très-récente ; car dans les plus vieux Volcans, non seulement ces formes ne sont plus, mais encore les crateres sont effacés, & il ne

reste de leurs courans que quelques traces
confuses, & souvent éparsés en forme
d'atterrissement dans les vallées inférieures
ou dans les basses plaines ; tandis que les
laves en forme de cables repliés, paroissent tout récemment fabriqués & semblables à l'ouvrage qui sort de la main du
Sculpteur.

2°. Cette matiere ainsi disposée,
prouve en second lieu, que toute lave
n'est pas susceptible de retraite dans ses
parties ; car celle-ci a dû être visqueuse,
pour se contourner ainsi sans perdre sa
continuité par la retraite.

NOTE VII. *Page 56.*

SUR LES OUVRAGES DU P. DE LA TORRE.

M. LE CHEVALIER HAMILTON avoue ici ingénuement les travaux du P. de la Torre, & le place au rang des plus grands Observateurs du Vésuve : on peut dire en effet, qu'avant les Ouvrages du Pere de la Torre, cette montagne ignivome étoit peu connue. Quand il se seroit trompé sur l'origine du Vésuve ; quand il auroit erré dans la nomenclature des laves, comme on l'a tant & si souvent reproché à cet Observateur, on peut demander qui ne se trompe dans la nomenclature ? J'ai dans ma collection une pierre coupée en quatre blocs, qui a reçu par quatre Nomenclateurs quatre noms différens ; ce qui me prouve combien peu ils se trouvent d'accord dans ce moment sur des objets essentiels.

Le P. de la Torre est estimable, en ce qu'il a décrit les grands phénomenes du Vésuve, observé les éruptions & les laves coulantes en Physicien, & décrit sur les lieux les phénomenes de la montagne.

Les Savans François lui ont diverses obligations; il les a accompagnés sur la montagne, conduit sur toutes les hauteurs, & partagé avec eux les dangers: il a fouillé d'ailleurs dans l'antiquité, & dans les monumens de l'Histoire, la Chronologie des éruptions. On doit reconnoître avec M. le Chevalier Hamilton ces travaux, & ne pas critiquer amérement un Observateur qui mérite des égards. Il trouveroit des défenseurs, comme tant d'autres Naturalistes qu'un certain parti a osé attaquer indignement en France.

NOTE VIII.

SUR LA PRESSION ACTIVE DES LAVES AVANT LEUR SORTIE.

Il étoit naturel d'imaginer que la lave, cherchant un passage, perceroit plutôt cet endroit-là (qui devoit être le plus foible) que tout autre, comme cela est arrivé. Page 58.

LE corps humain est sujet à diverses infirmités; & ces infirmités sont locales ou universelles. Une infirmité universelle est attachée à toutes les parties similaires; aux solides, par exemple, au système nerveux, &c. : une infirmité locale est attachée à une partie déterminée, au poumon, pris pour exemple.

Le propre des maladies locales est d'appercevoir l'action des fluides sur cette partie affectée. Il se fait dans cette partie, la plus foible du corps, un afflux de matiere morbifique accumulée, que la partie malade & épuisée ne peut ni dissoudre ni expulser ; le malade périt ordinairement par la prostration des forces actives de cette partie de sa machine, qui ne peut ni élaborer les fluides, ni faire ses fonctions.

Voila une parfaite ressemblance de ce qui se passe dans les souterreins volcaniques incendiés. Comprimant de tous côtés les parois latérales des voûtes embrasées, des boyaux ou des filons enflammés, la matiere incandescente fait éclater la partie la plus foible : tout le terrein de cette partie plus foible saute en éclats ; cette premiere ouverture forme le cratere primitif sur lequel s'accumulent des laves postérieures, des Pouzolanes, &c.

Si le sol est horizontal, & si la direction des forces expulsives coupe son plan
à angles droits, on peut démontrer que
le cratere doit être nécessairement conique.

Si au contraire la bouche volcanique
s'ouvre sur une côte inclinée, les matieres
expulsées (comme il est arrivé au Volcan
de Coupe d'Antraigues, en Vivarais, à
celui de Mont Pezat, &c.) s'arrangent
de maniere que le bord supérieur est
incliné à l'horizon dans le même sens
que le fondement de la montagne ; &
j'ai observé en Vivarais, que la base des
cônes *cratériels* étoit parallele au sol
primitif sur lequel repose le Volcan.

Or, plusieurs causes déterminent les forces expulsives à percer à travers les côtes
inclinées ou le fond des vallées, plutôt

que sur le sommet, des chaînes de montagnes.

1°. PARCE QUE les fonds des vallées
sont les parties les plus foibles de toutes,
à cause du vide creusé par les eaux courantes, qui ont préparé ainsi les éruptions
à travers ces profondes scissures, comme
le mineur prépare l'éclat d'une roche en
l'attaquant dans la partie même qu'il
veut diviser.

2°. LES sommets granitiques se re-
fusent d'un autre côté à l'explosion, à
cause du poids & de la solidité de leurs
parties constituantes.

OR, il arrive effectivement que, lorsque la base centrale d'une grande chaîne
granitique est située sur un gouffre volcanique souterrain, qui fait effort pour
sortir, au lieu de soulever la masse totale,

les forces expulfives fe divifent, & per-
cent à travers les deux pentes oppofées
de la montagne; ils y pofent leurs crateres,
& répandent leurs laves dans les vallées.
Voy. cette diftribution des crateres dans
ma Carte du Vivarais en relief, où ces
Volcans, les vallées & les couran ont
exprimés. A Paris, chez Dupain Triel,
Ingénieur-Géographe, rue des Noyers.

Et comme toutes ces vallées fe réunif-
fent dans les bas-fonds, les laves qui ont
coulé à travers les deux flancs oppofés
de la montagne ignivome fe rencontrent, fe fuperpofent, & les courans
partis de deux crateres & d'un feul foyer
fouterrain, fe copulent & fe joignent
pour la feconde fois.

Si cette double éruption n'a point eu
lieu à la même époque, le courant fupérieur, vomi le dernier, refond l'infé-

rieur en position, & antérieur en existence.
On observe tous ces phénomenes en
habitant les contrées volcaniques du Vivarais, en multipliant les observations,
& en réfléchissant sur ces découvertes.

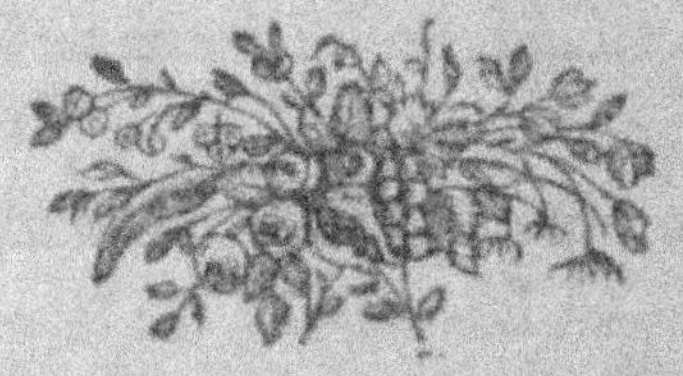

NOTE IX.

SUR LES ÉJECTIONS D'EAU CHAUDE, ET
SUR LA CAUSE DES EXPLOSIONS DES
VOLCANS.

*IL est bien attesté que plusieurs villes,
entr'autres Portici & Torre del Greco,
furent détruites par un torrent d'eau
bouillante qui sortit de la montagne
avec la lave, & fit périr quelques
milliers de personnes. Le mont Etna
jeta aussi de l'eau chaude. Page 66.*

LES Volcans qui sont système avec le
bassin & les eaux de l'Océan & de la
Méditerranée, sont sujets à ces phénomenes. L'eau chaude, salée, qui a été
souvent expulsée de leur sein, démontre,
d'une maniere incontestable ; 1°. le jeu
de la mer dans les éruptions ; 2°. l'attouchement de l'élément aqueux & de

l'élément igné ; 3°. l'explosion subsé-
quente, effet de ce contact. Le feu souterrain rejette ainsi avec effort cette masse
d'eau ; car on ne peut attribuer cette
expulsion qu'aux forces projectiles souterraines.

La mer communique donc avec les
brasiers souterrains enflammés ; mais cette
communication n'est point de longue
durée ; un tremblement de terre suffit
pour ouvrir ces gouffres incendiés, &
pour qu'un fleuve liquide verse dans ces
souterrains : l'explosion & les oscillations
peuvent fermer les orifices, & réunir les
masses séparées ; alors la cause efficiente
des éruptions est ralentie pour quelque
temps, jusqu'à ce que quelque tremblement de terre, ou quelque autre cause,
rouvre les terreins superposés au feu, &
verse de nouvelles eaux.

L'absorbtion des eaux maritimes

n'est pas une idée systématique ; il faut
bien qu'elle existe , puisque les Volcans
ont souvent vomi des eaux ; il faut encore
qu'elle soit considérable , puisque la mer
a paru s'abaisser vers son rivage ; il faut
enfin qu'il arrive en pareil cas ce qui
arrive lorsqu'une petite quantité d'eau est
versée sur une chaudiere de métal fondu,
image frappante d'une éruption volcanique.

Ce phénomene , ces raisonnemens,
ou les résultats qu'on peut en tirer, expliquent clairement ; 1°. pourquoi les
Volcans n'ont plus agi lorsque les mers,
en diminuant, les ont délaissés dans les
continens.

2°. Pourquoi les Volcans sont situés
dans des îles ou sur les bords des mers.

3°. Pourquoi les tremblemens de
terre sont souvent suivis d'éruptions; car

ils ouvrent les couches de la terre ; alors la mer verse ses eaux à travers les fractures.

4°. Pourquoi les Volcans éteints, situés sur les plateaux supérieurs des montagnes, sont en général les plus anciens ; car il y a plus long-temps qu'ils ont été submergés par l'eau maritime.

5°. Pourquoi, malgré la communication souterreine de la matiere volcanique prouvée entre plusieurs Volcans, les éruptions n'arrivent point à la même époque ; parce que la matiere volcanique n'agit pas par sa propre énergie dans l'expulsion , mais parce que l'élément maritime détermine l'éruption par son contact : or ce contact est local, de même que le choc d'un élément contre l'autre.

6°. Pourquoi par conséquent le foyer

foyer de tous les Volcans connus est très-profond, & situé sous le niveau des mers.

7º. Pourquoi les tremblemens de terre & les Volcans ont une si grande analogie.

8º. Pourquoi une montagne à cratere n'est que la cheminée & non le foyer du feu volcanique.

9º. Pourquoi ce feu fut plus énergique autrefois, lorsque la mer couvroit une plus grande partie des continens.

On trouve une partie de ces phénomenes dans la Relation de l'éruption de Monte Nuovo de Giacomo di Toledo, rapportée ci-dessus, page 208.

X

NOTE X.

I. SUR LES VALLÉES CREUSÉES DANS LA LAVE PAR LES EAUX COURANTES.

II. ET SUR LA CONSERVATION DE LA CHALEUR DE LA LAVE DANS CES VALLÉES.

LA lave tomba dans un chemin creux, appelé Fossa grande *, qui a été formé par des torrens d'eaux de pluie.*

CETTE grande masse si compacte conservera sûrement de la chaleur. Pag. 74.

S'IL existe sur la surface de la terre des preuves de la formation des vallées, par l'action des eaux courantes, c'est sur-tout dans les contrées volcanisées. Dans ces régions, en effet, l'esprit, appuyé de l'observation, peut se représenter l'ancien sol non volcanisé ; il voit sur ce sol une grande coulée de lave qui s'étend comme les fluides, & se refroidit; il distingue une excavation dans cette coulée, qu'un ruisseau partage en deux, en la rongeant, & qui atténue ensuite & ronge le sol fondamental.

L'Observateur qui parcourt ce fond de vallée, voit à droite & à gauche la correspondance des laves des deux côtés, & leur ancienne contiguité; il distingue l'ancien sol fondamental, du courant, & voit, dans le gravier, sous ses pieds, dans le sable & dans l'atterrissement inférieur, les déblais de l'ouvrage de l'eau.

Frappé, en 1772, de la correspondance de plusieurs contrées de lave du Vivarais coupées par des ruisseaux, & ayant observé ensuite la plaine inférieure d'Avignon, où parmi les déblais du bassin du Rhône je reconnus nos basaltes

& nos laves du Vivarais, je posai les fondemens de ma Chronologie de la formation des vallées, exprimée en ces termes dans le Prospectus de mon Ouvrage, page 4, à Montpellier, chez Martel, 1779.

1°. » Après la diminution des eaux » de la mer, le sol de la terre, peu à » peu à découvert par la retraite des » eaux, se consolide «.

2°. » Des excavations & des lits de » fleuves & de rivieres se forment *pos-* » *térieurement* «.

3°. » Des plaines horizontales s'éle- » vent *ensuite* au détriment des monta- » gnes supérieures «.

4°. » L'homme industrieux vient cul- » tiver ces terres récentes, pour en tirer » sa subsistance «.

Ces quatre époques importantes dans l'Histoire du Monde physique, sont démontrées, tant dans leur existence que dans leur succession chronologique.

1°. La diminution & la retraite de la mer est démontrée ; car les hautes montagnes calcaires, les plus hauts pics de cette espece de roche, sont farcis de coquilles pétrifiées maritimes. Cette roche fut donc la vase de la mer : cette mer a diminué ; elle est descendue des hauteurs.

2°. L'excavation des vallées est encore un fait incontestable ; car le terrein une fois sorti de la mer, fut inondé de laves, & ces laves superposées ont été coupées par les eaux des rivieres ; de sorte que la correspondance & l'ancienne contiguité sont prouvées par le seul aspect, quoiqu'il ait plu à quelques Voyageurs d'appeler *Volcans*, une seule coulée coupée à plusieurs reprises par l'eau courante, long-temps après l'effusion.

Enfin les basses plaines démontrent cette vérité, & confirment la succession chronologique ; car elles sont formées des décombres supérieurs : j'ai trouvé même des basaltes entiers dans la plaine du Rhône, provenus des Volcans du Vivarais.

L'ouvrage de l'homme, les travaux de l'Agriculture, la terre végétale, ne se trouvent que sur toutes ces matieres; ces déblais, ces Volcans, prouvent que l'homme n'a cultivé la terre qu'après ces opérations de la Nature.

Ces quatre divers ouvrages, démontrés par le fait, ne peuvent donc point être contestés ; & la *superposition* des matieres démontre leur succession.

J'appelle *superposition* la supériorité
d'une carriere sur une autre qui est
posée sous elle. En adoptant ce mot,
qui n'est point François, j'ai cru éviter
une périphrase & une description : on
peut voir dans l'Histoire Naturelle de la
France Méridionale, les raisons qui m'ont
engagé à m'en servir, & les conséquences
que j'en ai tirées pour écrire la Chronologie du globe (tome I, page 63 &
452 ; tome IV, page 180. Voyez ci-
après la Note XIX). Je pense qu'on ne
peut écrire la Chronologie physique sans
avoir observé ces diverses superpositions.

Les plus anciens courans des Volcans
de l'Italie présentent ces superpositions, &
des excavations de vallées dans la lave ;
& M. le Chevalier Hamilton a vu des
Volcans plus récens vomir , dans les
vallées creusées par les eaux, des courans
de lave ; *Fossà grande* en fut inondée.

Or c'est dans ces bas-fonds remplis par la lave incandescente, que la chaleur se conserve très long-temps ; car l'atmosphere terrestre n'est pas ici le plus grand agent du refroidissement : le seul attouchement des roches inférieures absorbe le feu, & le distribue dans les entrailles de la terre, comme du centre vers la circonférence : ces roches fondamentales sont le véhicule de ce feu concentré, qui diminue peu à peu d'activité ; mais qui dure encore long-temps après l'éruption ; car on a observé, plusieurs années après, que ces courans de lave étoient encore brûlans sous la croûte extérieure refroidie qui les couvre.

NOTE XI.

Sur les éclairs et sur la matiere électrique des Volcans en éruption.

Des éclairs fourchus & en zigzag s'échappoient à tous momens de cette colonne obscure, & étoient accompagnés d'un tonnerre qui s'étendoit dans le voisinage de la montagne. Pag. 76.

Encore quelques observations, & la matiere électrique, le fluide de l'aimant, le feu des Volcans, la cause des tremblemens de terre, les feux souterrains, &c. &c. seront tellement rapprochés, qu'on ne trouvera, dans les divers phénomenes que présentent ces objets, que des modifications du même principe; &

M. le Chevalier Hamilton annonce dans la Description des éclairs & des coups de tonnerre occasionnés par l'éruption, une précieuse observation.

ON sait que les laves abondent en fer ; j'ai trouvé des basaltes aimantés, & on connoît les rapports du fer & de l'aimant. Les tremblemens de terre accompagnent ou précedent les éruptions.

LA cause de ces tremblemens de terre paroît avoir quelque analogie avec le fluide électrique. Un Savant qui réuniroit tous ces phénomenes pour en former un seul corps d'Ouvrage, donneroit un Livre absolument neuf & très-ingénieux.

ON attend avec empressement le Livre de M. le Comte de la Cepéde,

actuellement fous preffe; les excellens
Mémoires que nous avons déjà de l'Auteur, font efpérer un Ouvrage ingénieux
fur le feu électrique, qui manque encore
aux Naturaliftes & aux Phyficiens.

NOTE XII.

SUR LES BONS RAISINS ET LE VIN DES RÉGIONS VOLCANISÉES.

SUR cette couche...... il y a de très-gros arbres & de très-bons raisins. Pag. 87.

LA Langue Italienne, perfectionnée par un peuple dévot, présente des termes tirés de la Religion nationale, pour exprimer plusieurs sensations, & pour définir divers objets.

ON appelle donc *lacryma Christi*, en Italie, le vin excellent que produit un territoire volcanisé.

QUELLE que soit la cause de cette bonté, il est avéré en France, dans nos montagnes volcanisées, que le vin qu'on

tire des territoires volcanisés, ne peut être
comparé au vin du terroir du voisinage.
Les vignes de l'Evêché d'Agde, plantées
dans le cratere du Volcan de la Cremade, & sur les côtes intérieures ou
environnantes, donnent un vin exquis ;
toutes les vignes plantées en Vivarais,
dans un terrein pouzolanique & *végétable*, donnent une liqueur plus énergique & plus délicate qu'aucune autre
vigne des environs & d'un pays non
volcanisé. Voyez dans la Note XXII
un essai sur la cause de ce phénomene :
nons n'observons ici que le fait confirmé
en Italie, en Languedoc & en Vivarais.

NOTE XIII. *Page 96.*

Sur le feu Chanoine Recupero.

M. le Chevalier Hamilton avoue ingénument le mérite de cet excellent Observateur de l'Etna; il semble se plaire à donner à tous les Observateurs de la Nature en Italie, une place honorable dans son excellent Ouvrage. Le Chanoine Recupero, qu'on dit mort, & que je sais avoir laissé d'importans manuscrits, & avoir rendu de grands services aux plus célebres Voyageurs, aimoit sur-tout les Savans François, & se plaisoit à les conduire sur l'Etna. Les Auteurs Anglois auxquels il a servi de conducteur, ont agi généreusement envers lui, en avouant son savoir & ses lumineuses observations sur l'antiquité de l'Etna.

En France le Chanoine Recupero a
été maltraité, & je me joins de grand
cœur à M. le Chevalier Hamilton pour
réparer le tort qu'on a essayé de lui faire;
il trouvera peut-être un jour des ven-
geurs; mais le temps n'est pas encore
arrivé : les disputes polémiques , quand
elles sont nécessaires , doivent être ren-
voyées à la saison du délassement; c'est
le propre d'ailleurs des Ecrivains de la
classe infime , d'en faire leur occupation
journaliere.

SUR LA REFONTE DES LAVES PAR LA SUPERPOSITION D'UN COURANT SU-PÉRIEUR. *Pag.* 103.

IL *y a des conduits secrets, ou des ruisseaux de cette matiere liquide......
qui fondent & refondent les pierres &
les cendres...... lorsqu'ils trouvent
d'autres matieres (calcaires) ils les
reduisent en cendres ou en chaux.*

LA refonte d'un courant de lave re-froidi, par la superposition d'un courant de lave incandescente & supérieure, est un fait incontestable, que M. le Chevalier Hamilton & le Pere de la Torre ont observé.

J'AI remarqué en Vivarais (*Hist. Nat.
de la France Méridion.* §. 835, 838,
839, 1877 & suiv.) que ces nouveaux
courans

courans de laves supérieures avoient singuliérement modifié les courans plus
anciens & fondamentaux : on conçoit
qu'une coulée ardente doit agir sur son
fondement, & par son activité ignée &
par sa charge. La premiere propriété
applique au sol un degré éminent de
chaleur; le fondement a beau absorber
une partie de ce feu supérieur, celui-ci,
émanant sans cesse d'un courant qui
roule, qui applique dans tous les instans
un nouveau degré de feu toujours semblable, également continué, donne bientôt un degré de feu au sol, voisin du
degré nécessaire à la fusion;..... ensuite
le feu communiqué augmentant de degré
en degré, la lave fondamentale se refond
dans peu de temps plus ou moins, selon
le plus ou le moins de chaleur supérieure.

La charge de la lave supérieure agit
encore considérablement dans cette opé-

ration. Pour prouver cette assertion, il faut réfléchir sur l'intensité de la chaleur d'un corps incandescent qui pese sur un autre : celui-ci est bien plus exposé à son action, que s'il n'éprouvoit de sa part qu'un simple attouchement de parties. Posez la main sur un corps un peu chaud, vous éprouverez la sensation ; mais posez sur votre main, pendant le contact, un corps pesant, la sensation sera bientôt beaucoup plus considérable ; il se fera un plus grand afflux de parties de feu, du corps plus chaud dans le corps plus froid ; la charge & l'incandescence de la lave se réunissent donc pour refondre la lave fondamentale, inférieure dans l'ordre des superpositions, mais antérieure dans l'ordre chronologique des éruptions.

PAR la même raison, le feu roulant de la lave, calcine ou torréfie quelquefois les matieres calcaires : on sait qu'expo-

fées au feu, elles ne fondent point ; on
fait seulement, d'après les expériences
de M. le Comte de Buffon, qu'expo-
fées au *maximum* d'un feu le plus violent, elles se changent en verre ; mais
nous ne parlons ici que des feux ordinaires qui fondent ou qui calcinent les
métaux ou les pierres coquillieres.

Il arrive cependant fort souvent que
des noyaux calcaires font renfermés dans
la lave, soit spongieuse, soit basaltique,
fans qu'ils aient éprouvé une calcination ;
observation qui démontre la théorie du
célebre Macquer, Chimiste autant recommandable par ses découvertes, que
par les raisonnemens fages & profonds
de sa doctrine.

Ce savant Académicien reconnoît que
dans la calcination il se fait une séparation des substances volatiles d'avec les

fixes : or l'eau & le gaz dominent dans la
pierre à chaux , & le feu les sépare de la
pierre ; mais pour obtenir cette séparation , il est nécessaire qu'il y ait un espace
qui reçoive les parties séparées qui abondent dans la pierre coquilliere ; il faut ,
qu'en se dégageant de cette pierre , elles
puissent se placer ailleurs : or , dans une
pierre calcaire environnée de lave , cette
seconde condition manque à l'opération
chimique.　La lave est sans doute assez
incandescente quelquefois pour calciner
la pierre ; mais elle est trop tenace pour
donner des récipiens au gaz & à l'eau
que le feu feroit séparer ; le gaz & cette
eau restent renfermés dans la pierre , &
cette pierre n'est point calcinée, malgré
la quantité nécessaire de chaleur. Voyez
§. 760 de l'Hist. Nat. de la France Méridionale.

IL faut donc croire, lorsqu'on trouve

des noyaux calcaires calcinés dans la lave, qu'ils l'ont été avant que la lave les eût incorporés dans la maſſe fluide, ou lorſque l'air avoit accès auprès de la matiere calcinée. La lave incandeſcente & roulante fond ou calcine les ſubſtances expoſées à ſon paſſage, ou introduites dans ſon ſein.

Or, d'après ces obſervations, peut-on imaginer que la lave refondue con-ſerve ſes premieres modifications ? Le ſyſtême de ſes premiers retraits, irrégu-liers & non priſmatiques, pourroit-il être le même ? Et s'il eſt vrai que le refroi-diſſement ſoit la cauſe de la retraite des parties, & de la configuration priſma-tique, peut-on ſe refuſer de croire qu'un ſecond refroidiſſement, opéré par degrés nuancés, n'opere des configurations plus régulieres ? On peut voir le ſyſtême que j'ai établi ſur la retraite priſmatique des

bafaltes dans la théorie des formes géométriques de cette lave, tome IV de
l'Hiftoire Naturelle de la France Méridionale.

IL n'eft point incroyable néanmoins
que la lave bafaltique ne puiffe fe confi-
gurer en prifmes dès le premier refroidiffement; il ne faut pour cet objet que
la réunion des caufes que j'ai affignées;
favoir, un refroidiffement gradué & égal
dans des temps égaux; & M. le Chevalier Hamilton dit avoir trouvé, pag. 256,
des laves prifmatiques fur le Véfuve:
mais comme j'ai apperçu ces conditions
dans la lave refondue par un courant
fupérieur, plus fouvent que dans les
courans de lave qui coulent pour la
premiere fois fur un fol fcabreux, j'ai
cru devoir attribuer à une refonte, & à
fon refroidiffement gradué, la configuration bafaltique.

L'ASPECT des courans superposés dans les bas-fonds de nos vallées volcanisées du Vivarais, confirme ces vérités. J'ai prouvé que dans les courans le supérieur n'est jamais cristallisé géométriquement, & qu'au contraire les formes les plus régulieres se trouvent sans ces courans supérieurs.

NOTE XV.

SUR LES TROIS CLIMATS DU MONT ETNA.

DANS la même journée nous éprouvâmes sur cette montagne les effets des quatre saisons de l'année. Pag. 116.

LE célebre Ministre Britannique observe ici les climats superposés des plantes, & les progrès de la végétation, depuis les plus grands arbres jusqu'aux petits arbrisseaux. Cette observation trouve son explication dans la distribution nuancée de la chaleur atmosphérique du plus au moins, depuis la base de la montagne jusqu'au sommet, région du froid & de la glace d'autant plus rigoureuse qu'elle s'éleve davantage.

CETTE gradation dans les forces végétatives, & ce changement de plantes, se manifestent sur-tout en Vivarais, depuis les hauteurs du Mezin, d'où descendent les eaux, jusqu'à Saint-Just, auprès du Rhône. Depuis 1769 jusqu'en 1778, j'ai traversé & coupé, à angles droits, tous ces climats, en tout ou en partie, au moins quarante fois. J'ai calculé la quantité de chaleur atmosphérique nécessaire aux arbres principaux dont j'étudiai l'étendue du domaine, j'ai placé dans mes Cartes botaniques les limites respectives de ces climats, & je crois que je donnerai les premieres Cartes botaniques en ce genre.

On a connu sans doute que l'Europe, l'Asie, l'Afrique, l'Amérique, les Tropiques, la Zone Torride, les sommets des Pyrénées, des Alpes, de l'Etna, possédoient exclusivement leurs plantes. Linné, Haller, & autres, ont observé ces variétés dans diverses contrées ; mais personne, jusqu'à ce jour, n'a compté le nombre de degrés de chaleur atmosphérique nécessaire à chaque département. Personne, le baromètre à la main, n'a assigné leur élévation réciproque au dessus du niveau maritime, ni les loix de rapport qui se trouvent entre l'élévation & le degré de froid dans la France Méridionale : on sait seulement que, où la neige se soutient en été, l'élévation du sol est à environ quinze cents toises sur le niveau de la mer. Je démontrerai enfin cette vérité, à laquelle je me suis élevé par tant d'observations & de voyages, & que j'exprime de la sorte.

La diminution réelle de la chaleur atmosphérique de la terre, qui est un fait avéré, prise de bas en haut, & distribuée du plus au moins de la base au sommet des montagnes, détermine cha-

*que plante à se choisir le climat dont le
degré mitoyen de chaleur est nécessaire
à sa vie, à son agrandissement, & à la
propagation de son espece.*

AYANT prouvé la vérité de cette
assertion, & posé en principe botanique
cette observation, que je considere
comme une loi universelle dans la Géographie Physique du regne organisé,
je suis parti de ce grand fait pour trouver
l'ancienne météréologie de nos Contrées Méridionales, pour vérifier les
dates de la Nature, les époques comparées, & les faits majeurs de l'ancien
Monde organisé; car il suffit de reconnoître certaines plantes fossiles; il suffit
de savoir combien l'espece vivante exige
de degrés de chaleur pour la maturité
de ses fruits, pour assigner l'ancienne
température moyenne; & je crois qu'il
n'existe aucun travail semblable : je dé-

sirerois au moins le connoître, pour rec-
tifier mes vûes, les étendre, & perfec-
tionner mes Cartes botaniques, qui n'ont
pas encore vu le jour.

N O T E   X V I.

Sur l'homogénéité des laves du Vésuve et de l'Etna.

Les opérations de la Nature, sur l'une & l'autre montagne, sont semblables; mais celles du mont Etna sont sur une plus grande échelle. Les qualités de leurs laves sont les mêmes. Pag. 138.

LE feu volcanique est le seul élément qui ait produit des substances homogenes : l'eau au contraire fut l'intermede d'une infinité de substances hétérogenes : les roches quartzeuses, granitiques, les grès, les jaspes, les jades, les matieres silicées, les argiles, les pierres coquillieres, les marbres, les poudingues, &c. &c. sont autant de substances hétérogenes qui furent produites par l'eau.

Le feu volcanique élabore donc différemment ses substances ; il tend sans
cesse, en les épurant, à produire des
matieres semblables entre elles.

Il faut avouer néanmoins qu'il existe
bien des variétés dans la matiere brûlée
& fondue des Volcans ; le mélange de
cette matiere avec les substances calcaires, avec les sels, les soufres, l'action
des acides sur elle, & divers autres
agens, l'ont modifiée. Souvent un Volcan
produit des laves dont la forme varie ;
mais toutes ces différences ne sont que
des accidens ; le fond de la lave est une
matiere vitreuse, attirable à l'aimant,
projetant des étincelles aux coups de
briquet, susceptible de fusion & de
vitrification : un peu plus ou un peu
moins de masse, plus ou moins de fer,
plus ou moins de parties hétérogenes, ne
font que des variétés dans les formes ;

tandis que les produits de l'eau different d'une maniere essentielle. Les produits du feu volcanique sont donc analogues & homogenes.

CETTE matiere fut homogene *dans tous les temps*; car les laves des plus anciens Volcans du Vivarais, celles qui datent des premiers âges du monde, sont analogues à celles que le Vésuve a vomies en 1779.

CETTE matiere est homogene *dans tous les lieux*; car les laves du Vésuve & de l'Etna, celles des Volcans de l'Amérique, & des Volcans d'Asie & de l'Europe, sont analogues.

CETTE matiere est homogene dans les continens & dans la mer; car la lave du Vivarais, ancien théatre de ce feu, offre une analogie frappante avec la lave fous-marine que j'ai portée de Brefcou, Volcan en partie fous-marin de Languedoc, près de la ville d'Agde. Il y a des variétés il eft vrai, encore un coup, entre les laves des vieux Volcans de Vivarais, celles du Bas-Vivarais, & celles des Volcans de Languedoc, comme il y en a du granit au granit ; mais cette variété n'eft qu'accidentelle.

L'HOMOGÉNÉITÉ eft plus frappante encore dans les laves d'un Volcan qui a enfanté à travers les montagnes calcaires, fchifteufes, granitiques, &c. Le produit de ces pierres eft très-différent lorfqu'on les expofe au feu ; & néanmoins le produit des Volcans fitués fur tous ces terreins eft par-tout homogene.

IL refte donc démontré, par cette obfervation que j'ai faite dans nos Volcans de la France Méridionale, que le foyer

foyer volcanique est très-profond dans le globe, puisqu'il est encore au dessous des montagnes granitiques visibles, des montagnes schisteuses & calcaires, & encore bien au dessous du fond de la mer, comme nous le verrons dans la Note qui suit.

Le foyer du feu volcanique n'est donc point dans le corps de la montagne brûlante.

Encore moins dans la roche fonda-mentale.

Ce foyer est donc très-profond.

La Chimie a fait des expériences depuis long-temps, qui confirment ces vérités. Au rapport de M. le Comte de Choiseuil-Gouffier (qui a si bien écrit sur les Volcans de la Grece, & qui nous a donné un Ouvrage qu'on doit consi-dérer comme un chef-d'œuvre, soit par

la beauté des gravures, soit par l'exécu-
tion typographique), feu M. Rouelle,
fameux Chimiste, avoit trouvé des produits homogenes dans les laves. Des preuves de toute sorte démontrent donc l'unité
d'un principe dans la fabrique des laves,
l'unité d'origine & de foyer souterrain,
lorsqu'on trouve dans une contrée, des
Volcans assis sur des terreins dont les
roches sont si variées.

NOTE XVII.

Sur les feux sous-marins des Volcans.

Ces feux souterrains ont travaillé dans ce pays sous le sein de la mer même. Page 146.

Est-il dans la Nature quelque phénomene plus étonnant qu'un incendie souterrain, qui, enseveli très-profondément sous le niveau des mers, brûle & agit depuis tant de milliers d'années? Ce phénomene incomparable dans la Nature, se trouve isolé de tous nos phénomenes ignés & connus. Quel est donc ce feu sous-marin qui brûle sans le concours de l'air atmosphérique, qui souleve la terre, forme des montagnes, projette l'eau salée de la mer, & s'irritant contre les

Z ij

petits obstacles de sa sortie au dehors,
ébranle la machine terrestre de l'un à
l'autre continent?

AUTANT l'homogénéité de ses produits est étonnante, autant son bassin
contenant, ses forces expulsives, son activité si long-temps soutenue, méritent
des méditations profondes des Naturalistes. Eh, que sont de petites expériences
faites avec un peu d'eau, de soufre, &
de limaille de fer, exposés à l'air, &
fermentant, en comparaison de l'activité
des feux sous-marins volcaniques? Est-on
conduit, à la vérité, par une méthode
philosophique & raisonnable, lorsqu'on
choisit une opération chimique & manuelle pour expliquer les plus grands
phénomenes de la Nature, avec lesquels
ces opérations n'ont aucun rapport?

DANS les Volcans, le soufre est un

produit secondaire des feux souterrains,
formé pendant la volatilisation des substances souterraines; & dans l'expérience
de Lemeri, le soufre est le principal in-
grédient.

Dans les Volcans, le feu agit sous
l'eau sans la participation de l'air atmosphérique; & dans l'expérience, l'air agit
librement.

Dans les Volcans, on voit des produits fondus enflammés; & dans l'expérience, on ne trouve qu'une simple torréfaction produite par l'effervescence.

Dans les Volcans (dans ceux qui
datent des plus anciennes époques du
Monde, avant l'excavation des vallées
par les eaux courantes, avant la formation du bassin des fleuves, &c.), le feu
agit pendant plusieurs milliers d'années,
puisqu'on trouve encore sur les hauteurs,

jadis tourmentées par un feu qui agiſſoit au
dehors, des preuves du même feu ſouterrain qui agit encore au dedans ; feu ma-
nifeſté par la quantité de fluide électrique, par des eaux gazeuſes & thermales, &c. ; & dans le Volcan factice de
Lemeri, l'expérience eſt preſque mo-
mentanée.

LES feux Volcaniques, profondément
ſitués ſous la ſurface des eaux maritimes,
ne peuvent donc pas être comparés ni
à une expérience de Chimie, ni à une
mine brûlante de houille, ſulfureuſe &
piriteuſe, qui s'éteint lorſqu'on lui enleve
la quantité d'air néceſſaire à la déflagration ; & c'eſt contre cette méthode de
philoſopher, qu'on doit s'élever en op-
poſant cette regle de Logique : *une expérience particuliere n'eſt pas ſuffiſante
pour conclure l'univerſalité d'une loi* ; il
y a d'ailleurs, comme je l'ai montré,

une grande différence entre les travaux
d'une mine de houille brûlante & les
opérations d'un Volcan; entre une expérience de Physique & les phénomenes
d'un Volcan.

Les travaux des Observateurs de la
Nature se multiplient tous les jours; &
dans peu on saura à quoi s'en tenir sur
la Chimie de la Nature, & sur les phénomenes artificiels qui tiennent aux grandes opérations du feu primitif allumé par
la Nature même.

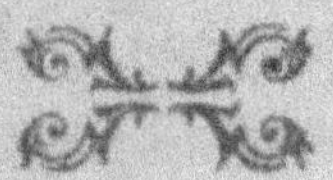

NOTE XVIII.

Distinction des Volcans en agissans, en éteints et en demi-éteints.

Le royaume des deux Siciles offre.....
le champ le plus intéressant qui soit
dans l'Univers : c'est là qu'on voit
des Volcans agissans encore avec
toute leur force, quelques-uns sur leur
déclin, & d'autres totalement éteints.
Page 149.

Cette distinction de trois sortes de Volcans observés par le célebre Historien des feux volcaniques du mont Vésuve & de l'Etna, montre les trois grandes époques, les trois grands états des feux souterrains. Dans l'état agissant, les Volcans projettent au dehors leurs matieres incandescentes ; dans l'état à demiéteint, le feu fouterrain laiffe émaner au dehors des eaux chaudes, minérales, fulfureufes ou gazeufes, des eaux vitrioliques, ferrugineufes, des airs fixes, des flammes voltigeantes, indice de décompofition ignée & fouterraine : la Solfaterra, le lac Averne, font de ce nombre.

Enfin, dans l'état d'extinction totale, le Volcan ne poffede plus que des laves éteintes, froides & inactives ; le feu, fur la furface de la terre, & inférieurement, n'agit plus au dehors ; il eft éteint relativement aux habitans de la terre ; la mer ne produit plus aucune explofion ; elle ne verfe plus dans les gouffres incendiés ; elle ne réagit plus contre les matieres embrafées.

Aussi les Volcans éteints font-ils presque tous fitués dans les continens

d'où les mers ont descendu en s'abais-
sant ; & les îles & la mer ne contiennent
qu'un très - petit nombre de Volcans
éteints ; tous agissent ou comme Volcans
allumés, ou comme solfatares, ou comme
Volcans à demi-éteints.

L'EAU maritime paroît donc nécessaire
à l'inflammation des Volcans.

N O T E X I X.

Sur les époques distinctes des Volcans, prouvées par la superposition alternative des laves et
des couches de terre végétale.

*Par-tout où cette couche de terre végé-
tale est épaisse (& placée entre deux
coulées de lave), il m'a paru évident
qu'il s'étoit écoulé un grand nombre
d'années entre une éruption & celle
qui lui a succédé.* Page 156.

LA superposition des substances hétérogenes du globe terrestre, en forme
de couches, est la seule observation qui
permette de s'élever jusqu'à la chronologie physique de la Nature.

Or les Observateurs peuvent étudier
le globe en suivant deux méthodes ; la

premiere, en méditant ses surfaces; la
seconde, en comparant les *superposi-*
tions, terme nouveau en Histoire Naturelle, que je désire qu'on emploie, &
que j'ai vu avec plaisir dans quelques
nouveaux Ouvrages.

Ce n'est pas assez d'étudier les petites
superpositions des masses, il faut, comme
je l'ai dit dans mon tome I, page 61
& suiv. étudier les superpositions depuis
les contrées les plus basses; celles, par
exemple, qui avoisinent la mer; *suivre*
le cours des fleuves, & comparer les
grandes masses: travail que j'ai exécuté
en partie dans le bassin de la Seine, depuis Paris jusqu'aux chaînes de montagnes du Morvant, en partie dans le
bassin de la Loire, & en totalité dans le
bassin du Rhône, depuis les côtes maritimes de Languedoc & l'embouchure
du Rhône, jusqu'aux montagnes du

Morvant, selon le cours de la Saone, & jusqu'au Mezin (montagne supérieure, qui donne des eaux par la Loire à l'Océan, & par le Rhône à la Méditerranée). Cette étude commencée à la mer dès l'an 1774, m'a montré en superficie, 1o. les départemens des cailloux roulés, & atterrissemens dans les bas-fonds ; 2o. le département des matieres calcaires ; 3o. celui des montagnes granitiques & schisteuses ; 4o. celui des montagnes volcanisées. D'après ces recherches, j'ai pu enluminer ma carte selon la nature du sol.

En étudiant les *superpositions*, j'ai vu, d'un autre côté, l'antiquité respective des départemens ; ainsi j'ai trouvé le département inférieur, celui des atterrissemens, le plus récent, car il est composé des matériaux & déblais des montagnes supérieures ; & en observant ensuite les

superposition des matieres calcaires,
des granits, des différens courans de lave,
j'ai écrit les époques des Volcans, les
âges des matieres calcaires.

Il reste à publier mes recherches *sur
les formes* comparées, & ce travail
donnera l'Histoire complette des révolutions qu'ont éprouvées ces contrées après
la superposition des parties hétérogenes,
& cet article est compris dans ma Chronologie Physique de la formation des
vallées. Suivre le cours d'un fleuve de la
mer à la source des eaux, c'est donc
suivre la marche de la Nature dans la
forme, dans la composition & dans l'antiquité respective des montagnes.

On voit donc que tout Observateur,
qui dans sa marche & dans ses recherches
croiseroit les fleuves & les rivieres, cou-
peroit à angles droits leurs cours, échoue-

roit dans son plan & dans ses vûes : de
là tant de systêmes tronqués & faux sur
le globe terrestre , & tant d'anachro-
nismes qu'on a commis , lorsqu'on a
voulu donner l'Histoire de l'antiquité
comparée des faits de la Nature.

De là cette distinction essentielle que
j'ai établie , page 63 , entre l'étude de la
terre en *superficie* & en *profondeur* : la
premiere convient aux Minéralogistes-
Géographes ; la seconde conviendra à
ceux qui voudront philosopher sur les
âges de la terre , & sur l'antiquité comparée des faits de la Nature , lorsqu'ils
voudront étudier l'âge du globe & la
Chronologie Physique.

Le célebre Ministre Britannique , occupé de l'Histoire des Volcans , a trouvé
dans les *superpositions* des laves , des
époques distinctes & comparées de leurs

éruptions par l'interposition des terres végétales.

EN Vivarais, je les ai observées dans l'interposition de sables & de cailloux roulés.

SOUVENT ces cailloux roulés sont des déblais des plus anciens Volcans.

QUELQUEFOIS sur les laves se trouvent des matieres calcaires formées par la mer; ce qui montre l'état géographique du sol, à peu près vers le temps qu'il étoit inondé par l'eau maritime.

DANS un grand nombre de vallées, on juge quel étoit le calibre des cailloux roulés & des sables avant les éruptions de ces laves.

QUELQUEFOIS on trouve dans les sables des coquillages fluviatiles.

SOUVENT des plantes empreintes dans les schistes.

M.

M. l'Abbé Roux, excellent Obfervateur du Coiron, qui, mon Livre à la main, a eu la patience de vérifier prefque toutes mes recherches fur les Volcans du Vivarais, aidé de mes cartes, & fuivant l'itinéraire que j'ai publié, dit avoir trouvé, fous les laves du Coiron, des cadavres humains.

On a trouvé des morceaux de bois agatifés.

Au fond de plufieurs vallées ont coulé, à diverfes reprifes, les laves de plufieurs Volcans. On diftingue, 1o. les Volcans féparés auxquels elles correfpondent; 2o. la diverfité des coulées; 3o. par les doubles rangs de colonnes bafaltiques fuperpofées; 4o. par leurs calibres différens; 5o. par les atterriffemens interpofés.

Enfin, l'afpect de toutes les fuperpositions que j'ai observées, tant dans les territoires volcanisés que dans les territoires granitiques, schisteux & calcaires, m'ayant offert des coupes de tous les terreins en sens perpendiculaire, & des déblais de toutes ces matieres, j'ai cru pouvoir définir, d'après mes découvertes faites dans le bassin du Rhône, de la Saone, de la Seine, de la Loire, &c. &c. *que le bassin d'un fleuve, ou son département, n'est que l'enfoncement produit par les eaux du même fleuve, lesquelles entraînent toujours les substances terrestres des lieux les plus hauts vers les plus bas, par l'action constante de la loi de la pesanteur, & par leur action dissolvante.* Tome I, page 65.

NOTE XX.

I. Sur le foyer profond du Vésuve.

II. Sur la maniere dont se ferment
et se rouvrent les cratéres.

*Il est utile de prouver à quel point se
font trompés ceux qui placent le siege
principal du feu au centre ou vers le
sommet du Volcan.* Page 171.

Les Chimistes des Capitales, qui de
leurs laboratoires voyagent dans les montagnes volcanisées en esprit & imagination, ne manquent pas de circonscrire
les phénomenes volcaniques; leur imagination, faite pour embrasser tout ce
qu'ils operent, se met aisément à la
portée de l'image qu'ils créent des feux
volcaniques; mais les plus grands Observateurs, les Voyageurs, & ceux qui

ne jugent que d'après leurs recherches locales, ne peuvent adopter leurs idées. M. de Choiseuil - Gouffier, M. Hamilton, & tant d'autres, n'ont pas eu encore assez d'autorité pour renverser ces Ouvrages de l'imagination; mais comme bientôt il ne sera permis de donner le nom de Naturaliste qu'à celui qui observera la Nature, les systêmes fabriqués dans le cabinet, perdront alors leur réputation & leur crédit.

IL est avéré que les laves superposées de la montagne de Coupe, & de celle de Craux en Vivarais, ont au moins vingt fois plus de masse que les montagnes ignivomes qui les ont répandues : comment veut-on donc que ces petits monticules aient contenu le foyer de leurs laves ?

LA roche fondamentale n'en a pas

même été le foyer, mais seulement le tuyau de cheminée ; car, exposée au feu, cette roche qui n'est pas ferrugineuse, n'a jamais donné la lave basaltique *ferri coloris & duritiei*. Le feu est donc très-profond dans les Volcans éteints François, comme dans les Volcans de l'Italie observés par M. Hamilton.

Lorsqu'un Volcan veut projeter au dehors, pour la premiere fois, ses laves incandescentes, un tremblement de terre annonce d'abord le travail souterrain. Monte-Nuovo rejeta des eaux chaudes & des fanges : la mer, absorbée par les concavités, laissa le rivage & le poisson à sec ; elle ne revint sur ses anciennes bornes, que lorsqu'il se fit un reflux d'eau maritime ; ensuite la montagne, formée par explosion, s'éleva du sein des eaux avec sa bouche ou cratere ignivome.

Après l'explosion, les matieres mobiles

de la montagne retombent peu à peu
fur elles-mêmes, & ferment le cratere,
comme le trou de la taupe fe ferme de
lui-même par le poids des matieres : fouvent il refte néanmoins un ou deux fou-
piraux, d'où émanent des gaz, des fumées, & fouvent de la flamme. Tels
la plupart des Volcans enflammés de
l'Italie.

A la feconde éruption, le Volcan en-
fante ordinairement à travers le même
orifice, parce que les paffages font déjà
faits ; fouvent la montagne creve latéra-
lement, & cela doit arriver toutes les
fois qu'il faut moins de forces expulfives
pour déplacer les parties latérales de la
montagne, que pour les élever fur l'orifice
fupérieur, & défobftruer les anciens paffages de la lave.

N O T E   X X I.

Sur l'état sous-marin et sur l'origine sous-marine des feux du Vésuve.

Je ne doute en aucune maniere que ce Volcan n'ait pris sa naissance du fond de la mer. Page 176.

M. le Chevalier Hamilton reconnoît l'origine sous-marine des Volcans, & elle ne sauroit être mieux prouvée que par ses ingénieuses observations.

Le Volcan brûle donc sous ces eaux sans le concours de l'air atmosphérique : ce feu differe donc de tous nos feux factices connus, dont l'état de déflagration ne peut se soutenir sans air ; il

détruit même en peu de temps l'air en-
vironnant : ce feu volcanique diffère ainsi
de tous les feux connus, & même des
feux souterrains occasionnés par l'incendie des mines de houilles sulfureuses
& piriteuses.

La premiere visite que j'ai faite à la
mine brûlante du Forez, m'avoit fait
présumer que son feu brûloit sans le
secours de cet air pur extérieur ; mais un
second voyage en cette Province (voy.
tom. III de l'Histoire Naturelle de la
France Méridionale, page 257 & suiv.)
m'a convaincu que c'est l'air qui attise
les matieres inflammables, puisqu'on a
éteint plusieurs de ces sortes de mines
brûlantes en fermant les orifices véhi-
cules de l'air, dont la légéreté ou la
charge agissant sur ces matieres embrafées, entretenoient les feux.

On ne peut donc comparer une mine

de houille brûlante à un Volcan sous-
marin agissant, qui n'a aucune communication avec l'air atmosphérique; qui,
couvert d'eau, & contenu sous les premieres couches du globe, seroit inondé
plutôt que d'admettre l'air extérieur; ce
feu au contraire se tourmente & éclate
au dehors, lorsque quelque tremblement
de terre ouvre le sein embrasé à l'élément
liquide.

M. Morand, de l'Académie des Sciences, qui vient d'observer avec beaucoup
d'exactitude, dans un voyage fait les
mois de Mai & Juin 1781, les mines
brûlantes de houille de la Province de
Rouergue, m'a confirmé dans ces vûes (*a*):

(*a*) Cet Académicien, dont on connoît les
lumieres sur la Législation & la Physique de
l'exploitation des mines, qui a défendu avec
ardeur les droits des Propriétaires des mines
d'Albin contre les Concessionnaires, vient

ce savant Académicien a observé ce feu attisé par l'air extérieur, se manifester au dehors, se soutenir sur les hauteurs, & supporter l'action de l'atmosphere, qu'on sait être inaccessible dans les Volcans sous-marins, à la profondeur étonnante où le feu agit.

---

de visiter les mines brûlantes, les mines exploitées, & les habitans de ces cantons du Rouergue : on sait qu'on peut y faire une étude complette de l'organisation des montages à mines de houille : ce Savant a fait une collection importante des échantillons de ces mines ; non pour dresser une nomenclature froide, mais un Catalogue raisonné & étendu des aspects sous lesquels se présentent & les gangues & la mine de houille. M. Morand doit publier dans peu de temps une excellente Description physique & économique de son cabinet, si riche dans cette partie.

NOTE XXII.

Du mélange de la cendre et terre volcanisée avec une terre étrangere.

Cette plaine est extrêmement fertile ; ce qui arrive, comme je l'ai déjà remarqué, à tout sol produit par les feux souterrains, pendant que le terrein qui l'environne, & qui est d'une autre nature, n'est pas de la même fertilité. Page 180.

En France comme en Italie, les laves pulvérulentes, les cendres & les pouzolanes récemment vomies, ne sont point favorables à la végétation. Il faut un laps de plusieurs siecles pour que ces terres brûlées soient susceptibles de nourrir des plantes, ce qui annonce dans nos vieux Volcans éteints de la France Mé-

ridionale, des éruptions récentes, & le
retard de la végétation dans ces régions.

Ainsi le Volcan de Coupe d'Antraigues nourrit déjà quelques châtaigniers, de même que celui de Coupe
de Jaujac; la végétation commence à
s'emparer du cratere du Volcan du
pic de l'Etoile : elle est à peine sensible dans le cratere du Volcan de la
Gravenne de Montpezat. Elle est active
dans les Volcans de Souliol & de Gravenne de Thueits; mais elle regne depuis très-long-temps sur les hauteurs du
Coiron & sur les hauts plateaux volcanisés de la montagne.

Voila l'Histoire des progrès de la
végétation dans nos Volcans à cratere;
mais elle est bien plus active, plus fé-
conde, & ses produits sont bien plus
remarquables, lorsque cette lave pulvé-

rulente est mélangée avec un autre terrein, sur-tout avec un terrein calcaire. Depuis plusieurs milliers d'années que les eaux courantes excavent les vallées du Coiron, de Ville-Neuve de Berc, ce territoire a reçu des molécules de matiere volcanique : de là la fertilité de ce terrein, & la bonté des vins de ces cantons, supérieurs à tous ceux du voisinage ; & quoique cette matiere volcanique ait été dénaturée & ne soit plus connoissable, elle a été trop remaniée par les eaux, & amalgamée, pour ainsi dire, avec les matieres calcaires, pour ne pas reconnoître dans ce terrein uniforme l'action de tous les territoires volcanisés, sur la végétation, & sur-tout sur la vigne.

NOTE XXIII.

SUR LES VAPEURS MÉPHITIQUES DE LA GROTTE DU CHIEN, DU VÉSUVE, DE L'ETNA, ET DES VIEUX VOLCANS DE LA FRANCE MÉRIDIONALE.

ET SUR LA LONGUE DURÉE DE L'ÉMANATION DE CES FLUIDES GAZEUX. Page 184.

C'EST le propre des pays agités de Volcans, de présenter de tous côtés des émanations de gaz méphitiques, & ces émanations se manifestent, tant dans les contrées dont les Volcans brûlent au dehors, que dans celles où le feu assoupi ne brûle qu'insensiblement sous les couches de la terre.

COMME le feu, agissant dans un four à chaux, volatilise le gaz fixé dans les roches, de même le feu volcanique,

agissant sur les parois latérales de son
baffin souterrain , volatilise cette vapeur,
qu'il pousse au dehors.

Il faut que le feu volcanique sépare
sans discontinuer le gaz des matieres souterraines qui le fourniffent ; car il en
émane sans cesse une grande quantité des
concavités enflammées.

Il faut aussi que l'atmosphere pure
n'ait aucun accès dans ces gouffres, dont
il ne sort jamais un air pur , mais un
fluide gazeux dégagé par la déflagration.

C'est un grand problême à résoudre,
que la séparation des gaz volcaniques
pendant un si grand nombre de siecles.
On fait que le cruel Tibere fit mourir deux
esclaves dans la vapeur de la Grotte du
Chien. Il faut pour cette longue durée
une grande quantité de feu actif, & d'air
fixé dans une roche qui le laiffe sortir.

Les bouches enflammées du Vésuve
& de l'Etna donnent des gaz analogues
à celui de la Grotte du Chien.

Le Volcan de Neyrac donne aussi un
gaz analogue, qui dans l'intérieur a saturé
l'eau chaude & l'eau froide qui sortent
dans le voisinage, & qui se manifeste au
dehors visiblement.

Toutes ces vapeurs, tant en Italie
qu'en Vivarais, sont diaphanes, plus
pesantes que l'air, très-miscibles avec cet
élément & avec l'eau, donnant la mort
aux végétaux & animaux qui les respi-
rent, éteignant la lumiere, permettant
l'inflammation de la poudre à canon,
acides de leur nature, &c. Voilà les principales propriétés de cette espece d'air
connues jusqu'à ce jour.

Or il faut distinguer, en fait de ces
sortes d'émanations, les fumetes volcaniques

niques des mofetes, ou émanations d'air
gazeux.

La fumete est une émanation humide
qui se dégage de la lave déjà élaborée &
répandue sur la surface de la terre (voy.
le P. De la Torre, pag. 30, 165 & 203);
les mofetes au contraire sont des vapeurs
élaborées intérieurement. La fumete, loin
d'incommoder, dit cet Auteur, peut,
à ce que l'on croit, fortifier les esprits,
faire du bien à la poitrine, étant chargée de particules sulfureuses : les dangers
de l'autre sont connus. On lui attribue
la cause de diverses maladies épidémi-
ques de l'Italie.

NOTE XXIV.

Sur les sources d'eaux thermales et froides, et sur les sources d'eaux pures et minérales des Volcans éteints et des Volcans agissans.

Au dedans du cône étroit de la montagne (d'Averne) on a taillé un passage étroit, d'environ cent pas de longueur, qui conduit à une fontaine d'eau bouillante, laquelle, quoiqu'un peu saumâtre, donne au poisson & à la chair le degré de cuisson nécessaire, sans leur communiquer aucun mauvais goût, ni aucune mauvaise qualité. Page 222.

Comme les Volcans éteints ont leurs émanations méphitiques, ils ont aussi leurs sources minérales : ces vapeurs méphitiques & ces sources accompagnent toujours nos Volcans éteints de la France Méridionale. Je n'ai vu aucun Volcan sans sa fontaine ferrugineuse & gazeuse; & le Volcan de Neyrac possede même sa fontaine chaude, gazeuse, ferrugineuse, &c. au centre des sources froides minérales & des sources froides non minérales du même cratere.

Ce cratere, semblable en quelque sorte à la Solfaterre, & plus semblable encore au lac Agnano, est en forme d'amphithéatre creusé dans la montagne, au revers de laquelle se trouve le Volcan du Souliol, montagne à cratere qui a vomi dans la pente opposée & dans la vallée qui descend de Jaujac.

Depuis un temps immémorial il sort de ce lieu des eaux chaudes : les vieux documens les connoissent sous le titre de *bains de Saint-Léger*; & on ne peut douter, qu'offrant les mêmes qualités, & opérant les mêmes phénomenes que les eaux thermales des Volcans d'Italie, elles ne soient aussi produites par la même cause, la déflagration & la décomposition souterraine.

Les anciens Volcans d'Auvergne ont aussi leurs eaux thermales; toutes les fontaines volcaniques, tant froides que thermales, sont à peu près de même qualité; elles sont ferrugineuses, sulfureuses, vitrioliques, abondantes en air gazeux ou méphitique, c'est-à-dire en principes très-communs dans les produits solides des Volcans.

Les fontaines minérales qui environnent les vieux Volcans éteints qui brûlent d'un feu couvé, & les fontaines minérales des environs des Volcans agissans au dehors, paroissent ainsi n'avoir qu'une seule & même cause.

Mais, dira-t-on, pourquoi les Volcans allumés renvoient-ils donc des eaux froides, & pourquoi les Volcans éteints produisent - ils des fontaines d'eaux chaudes?

Ce problême n'est point difficile à résoudre, lorsqu'on compare sur les lieux les divers phénomenes des fontaines d'eaux minérales. J'ai vu que lorsque les sources sont peu abondantes elles parviennent froides au dehors. On conçoit qu'un petit filet d'eau est bientôt refroidi.

Mais lorsque la source est abondante, comme à Saint-Laurent-des-Bains, en Vivarais, (dont je publierai l'Histoire & la description des restes des Volcans que j'y ai observés pendant trois années consécutives, lorsque j'ai été prendre les eaux thermales de ce lieu, ou comme à Saint-Léger, Paroisse de Mayras, où la source est énorme pour une fontaine

d'eaux minérales), alors une grande quantité d'eau se refroidit plus difficilement :
le courant sans cesse renouvelé applique
toujours une grande quantité de chaleur
aux parois latérales & contenantes de
ses conduits, & l'eau arrive encore chaude
à la surface de la terre. Ces vues m'en-
gagent à croire que toutes les fontaines
d'eaux gazeuses , vitrioliques , sulfureuses
& froides qu'on trouve si communément
sous les crateres ou dans les crateres des
Volcans éteints , sont chaudes à leur
origine ; car il faut du feu , & un feu actif
pour décomposer les matieres qui ren-
voient le fluide gazeux , le vitriol , le
soufre, &c.

NOTE XXV.

Sur la maniere dont les flots de la mer attaquent les côtes.

Je crois que la moitié du cratere aura été emportée dans la mer par des tremblemens de terre, ou peut-être par la violence des flots ; car cette partie qui manque est du côté de la vaste mer. Page 225.

Autant les eaux courantes pluviales agissent aujourd'hui sur la surface de la terre, en entraînant les matieres mobiles, en délayant, en corrodant les matieres les plus compactes ; autant, & avec plus d'énergie encore, les mers ont agi dans nos continens lorsqu'elles le submergeoient.

En général on doit attribuer à l'action

corrosive & entraînante des fleuves, des
ruisseaux & des rivieres, les scissures lon-
gitudinales que parcourent les eaux courantes.

Mais on doit attribuer à la mer la
formation de ces grands escarpemens,
d'une longue étendue, qui coupent à
angles droits le cours des rivieres & la
direction des vallées, tels que les coupes
circulaires des monts Coiron en Vivarais, dont le sommet brûloit hors du
sein des eaux, lorsque la base étoit
inondée des eaux maritimes, à peu près
comme Stromboli & Lipari, îles volcanisées qui brûlent hors des eaux, avec
des bords la plupart escarpés & coupés
à pic par les flots de la mer.

On conçoit que si la mer diminuoit
promptement, si le feu s'éteignoit, les
eaux courantes sillonneroient ce sol

émergé du sein des eaux, & ces sillons
couperoient à angles droits les escarpemens formés par les flots de la mer à
l'entour des îles, qui la plupart, selon
le rapport des Voyageurs, sont ainsi
coupées lorsqu'elles se présentent à la
mer.

Telle est la forme que j'ai vue dans
les roches solides qui avoisinent la mer
en Languedoc : les escarpemens de la
roche calcaire de Cette, les falunieres
des bords de l'Océan, pétrifiées, & es-
carpées selon le sens du rivage, annoncent le travail de la mer : au lieu d'offrir des chaînes courantes dans le sein
des eaux, comme l'ont marqué plusieurs cartes de Buache, l'observation
démontre que les chaînes de montagnes finissent par des escarpemens avec
les continens, au bord de la mer : mais
cet Auteur, qui d'ailleurs a tant mérité

de la Géographie Physique, qui a tracé des chaînes de montagnes continentales que lui a montrées le cours des eaux, avoit un système à soutenir, & ce système il l'a gravé dans ses cartes, quoiqu'il n'existe point.

En général, les chaînes finissent avec les continens, & le bassin des mers est souvent prolongé dans les terres continentales, comme dans le fond de plusieurs fleuves; d'où elles ont été obligées de reculer, à cause des atterrissemens fournis par les fleuves qui ont occupé les bas-fonds: nous traitons de ces matieres dans le cinquieme Volume de l'Histoire Naturelle de la France Méridionale, sous presse.

D'après ces observations, on ne doit pas être surpris que les flots de la mer aient détruit une partie d'un Volcan situé au bord de la mer: cette obser-

vation de M. Hamilton est précieuse;
elle confirme cette théorie du mouvement destructeur des eaux de la Méditerranée.

Les courans des mers ont donc travaillé & travaillent encore sur la surface
de la terre.

NOTE XXVI.

Sur les formes géométriques et coniques des Volcans les plus récens.

Près du village de Castiglione on voit une montagne formée sûrement par une explosion de plus fraîche date, puisqu'elle a conservé sa forme conique & son cratere. Page 231.

M. le Chevalier Hamilton confirme par ce fait une partie des observations que j'ai faites pour établir une chronologie physique des éruptions des Volcans de la France Méridionale : il a vu la destruction des plus vieux Volcans, opérée par l'injure du temps & les siecles accumulés ; il a vu au contraire l'état de conservation & les formes géométriques

des Volcans récens ; & de cette obſervation comparée il a conclu les divers
degrés d'antiquité.

Aɪɴsɪ on confirme par la forme des
Volcans la chronologie que j'ai prouvée
par la ſuperpoſition de leurs produits
dans nos vieux Volcans éteints.

Lᴀ forme géométrique eſt établie par
les forces expulſives, qui, rejetant ſans
ceſſe les laves enflammées, les obligent
à ſe ranger autour de la bouche ignivome, où ſe forme ce qu'on appelle le
cratere, lorſque la lave projetée n'eſt pas
continue.

Aᴜ contraire, lorſqu'elle eſt coulante
elle ſe fait jour à travers les flancs, où
elle remplit les bords du cratere, des
hauteurs duquel elle verſe en forme de
cataracte de feu.

La forme totale de la montagne dépend au reste de la direction des forces *expultrices* : lorsque cette direction est verticale, elle produit un cône tronqué parfait, dont la base coupée est horizontale.

Lorsque cette direction est inclinée, comme dans presque tous nos Volcans de Vivarais qui ont percé à travers la pente d'une montagne, alors les forces expulsives ne forment pas un cône parfait; mais la section conique est parallele au plan incliné de la montagne, & l'observation est de concert avec la théorie sur cet objet; car la chute des laves étant plus aisée du côté du bas-fond, où elles n'ont pas d'appui, le cratere s'incline & se trouve évasé de ce côté, & élevé du côté opposé : tels les Volcans de Coupe d'Antraigue, le Souliol, les deux Gravennes, le Pic de l'Etoile, &c.

NOTE XXVII.

Sur les noms significatifs des Volcans a cratere, et sur l'étymologie des Volcans.

Le nom de *Cremate*, donné à un Volcan d'Italie, a été donné aussi à un Volcan de la grande & petite *Cremade* d'Agde.

Le sol d'Auvergne, hérissé de bouches volcaniques, est connu sous le nom d'*Arvernus* par César. M. de Gensanne a trouvé en Languedoc un Volcan du nom d'*Averne*, & M. Bernard en a décrit un autre en Provence de même nom. Enfin on connoît en Italie le lac d'Averne, que M. Hamilton a prouvé avoir été la bouche d'un Volcan.

Je ne rappelle point ici les dénomi-

nations de nos Volcans éteints les plus
récens de la France Méridionale ; j'ai
prouvé dans mon troisieme volume, que
tous avoient une signification encore
conservée ; tous annoncent ou l'opération du feu , ou l'ancienne superstition
des Gaulois sur le Tartare , ou l'effroi
d'un peuple étonné d'une éruption, &c.

NOTE

NOTE XXVIII.

Sur la méthode de philosopher dans l'Histoire Physique des Volcans.

J'ajouterai, dit l'Auteur, une réflexion que me fournit l'expérience que j'ai acquise dans cette branche de l'Histoire Naturelle; c'est que nous sommes un peu trop sujets à ne raisonner sur ces grandes opérations de la Nature, que d'après un plan trop resserré. Page 239.

C'est une mauvaise méthode, contraire à la marche naturelle que l'esprit humain suit dans le progrès des Sciences, que de conclure, d'une opération factice & manuelle, la nature des travaux que le feu exécute en grand sous la surface des eaux, & au dessous du bassin des mers; & c'est contre cette méthode rétrécie &

mesquine que s'élevent les plus célebres Voyageurs, les Hamilton, les Choiseuil-Gouffier, les Adanson, Ferber, &c. Leur méthode, dictée par la Nature même, annonce combien peu méritent de confiance ceux qui étudient la Nature dans des laboratoires de Chimie exclusivement : ils retrécissent tous les forces de la Nature, dont ils ne peuvent imaginer l'immensité, malgré les Plans & les Cartes qu'on pose sous leurs yeux, & malgré le grand nombre d'observations dont nous sommes enrichis pour détruire cette méthode. Plusieurs Ecrivains ont résolu de défendre ces illustres bienfaicteurs de l'Histoire Naturelle, qui, par leurs nombreuses observations, posent les premiers fondemens d'un grand édifice & d'une nouvelle Science; des Auteurs ont osé, il est vrai, qualifier ces Voyageurs infatigables, de Manœuvres de l'Histoire Naturelle : On se fera honneur & gloire de foutenir leur mérite, & de prouver qu'ils méritent exclusivement le nom de *Naturalistes* ; nom augufte trop long-temps profané, donné trop aifément à des faifeurs de nomenclature, à des Compilateurs, & à des Auteurs d'Ouvrages qui font faits plutôt pour reculer les progrès de cette Science.

La véritable méthode annoncée par l'illuftre Hamilton, confifte donc à bien obferver d'abord : les obfervations multipliées deviennent feules le fondement de l'Hiftoire Naturelle, comme les faits moraux deviennent les fondemens de l'Hiftoire de France ; & il feroit auffi peu raifonnable d'écrire l'Hiftoire de France fans faits, qu'il le feroit d'imaginer des fyftêmes, & d'adopter pour leur appui les obfervations des Voyageurs : c'eft pourtant la méthode de plufieurs Auteurs ; ils trouvent quelque idée étendue, & ils en dreſſent un ſyſtême; ils adaptent à ce ſyſtême tout ce qu'ils ont ouï dire, là, & ce qu'ils n'ont jamais obſervé.

La véritable méthode, à mon avis, eſt la méthode oppoſée; & je la juge raiſonnable, parce que je prouve que c'eſt celle de l'eſprit humain dans l'uſage & la perfection de ſes facultés.

En effet, des faits moraux, & l'expérience, rendent prudent; des faits moraux rendent intelligent dans la connoiſſance du cœur humain.

Des ſenſations multipliées élevent l'enfant juſqu'au raiſonnement.

Après avoir long-temps obſervé la ſociété, on acquiert l'expérience.

On ne devient ſavant qu'après avoir étudié des faits.

On peut fabriquer des ſyſtémes, il eſt

vrai , sans l'être beaucoup. On peut affirmer des principes & des vérités universelles ; mais elles ne sont permises que comme conséquences de faits ; tandis que dans la méthode opposée on rend ces faits la conséquence des principes imaginés.

C'est ici un commentaire de l'Epigraphe que j'ai engagé le Libraire d'insérer à la tête de l'Ouvrage de M. le Chevalier Hamilton : » Des remarques fidelles & exactes sur les opérations de la Nature , & rapportées avec vérité & simplicité , ne se rencontrent que rarement, dit-il ; & ce ne sont que des remarques de cette espece , que j'ai l'honneur de communiquer à la Société Royale de Londres «.

NOTE XXIX.

SUR LA SENSATION QU'ON ÉPROUVE EN RESPIRANT L'AIR MÉPHITIQUE DES VOLCANS.

CETTE vapeur affecte les narines, dit l'Auteur, *le gosier & l'estomac, précisément comme l'esprit de corne de cerf, & quelque autre sel volatil violent ; & elle deviendroit bientôt fatale, si on ne s'en éloignoit promptement.* Page 245.

L'ÉMANATION de la Grotte du Chien, dit le P. De la Torre, produit dans le gosier un picotement léger, & de la suffocation ; mais elle n'est pas dangereuse, continue l'Auteur (peut-être avec trop de précipitation ; car les vapeurs méphitiques connues sont toutes mortelles). Il ajouté que M. de la Condamine, qui voyageoit en Italie en 1755, étoit de même sentiment; & qu'ayant respiré ces airs plusieurs jours de suite, il disoit en plaisantant, qu'il avoit pris son chocolat.

Je pense au contraire que le P. De la Torre, & M. de la Condamine, n'ont point respiré long-temps la vapeur méphitique. L'Histoire rapporte, comme je l'ai dit, que Tibere y fit étouffer deux esclaves.

Je puis assurer que la vapeur gazeuse de St-Léger en Vivarais est acide; l'odeur est néanmoins si foible, qu'il faut avoir l'organe fort sain pour en juger; & je crois qu'un rhume, une prise de tabac, toutes les odeurs plus fortes affectant l'organe olfactif, rendroient celle du gaz insensible: cette expérience confirme les autres faites dans cette vapeur.

C c iv

Je ne puis pas dire, comme M. de la Condamine, avoir pris mon chocolat; j'ai appris, & plusieurs autres l'ont éprouvé après moi, que la vapeur gazeuse de Neyrac donne un mal de tête violent; j'ai éprouvé une diarrhée subite, un dérangement général dans les premieres voies, une indigestion complette, long-temps après avoir diné; & je fus tourmenté d'un asthme, qui termina plusieurs heures après, dernier symptome occasionné par cette imprudence.

La fumée qui sort de l'abîme du Vésuve, dit le Pere De la Torre, produit, pendant les éruptions, sur le palais, une sensation de sel ammoniac; elle desseche le gosier dans l'instant, & ôte la respiration. Voilà tous les effets de l'acide gazeux des Volcans.

On voit sortir cette fumée, continue
l'Auteur, comme un nuage épais, le
long des côtes de l'abîme, avec impétuosité & avec grand bruit.

NOTE XXX.

SUR LES DIFFÉRENTES MANIERES DONT AGIT LE FLUIDE MÉPHITIQUE SUR LES CORPS ORGANISÉS.

LE Chanoine Recupero, dit l'Auteur, a trouvé pres des mofetes, des animaux, des oiséaux & des insectes morts, & des arbrisseaux de la plus forte espece desséchés, pendant que les gramen & les plantes les plus tendres semblent intacts. Page 246.

LE fluide méphitique agit de plusieurs manieres sur les corps organisés ; celui de l'Etna, observé par le Chanoine Recupero, dessêche les arbrisseaux, & laisse les gramen & les plantes intacts.

CELUI du Volcan de Neyrac en Vivarais, fait périr les jeunes plantes de

seigle, de gramen, de chicorée ; toute
la moisson en souffre & dépérit, si on
n'ouvre une issue aux creux d'où émane
le gaz : on m'a assuré, dans les environs,
qu'alors le gaz desséchoit la moisson
comme une chaleur d'été brûlante. J'ai
vu des ronces étendre leurs branches des-
séchées dans ces creux méphitiques.
Le gaz méphitique, qui laisse subsister
sur l'Etna les plantes graminées, & fait
dépérir les arbustes, détruit l'une & l'autre
espece de ces plantes en Vivarais.

NOTE XXXI.

Sur la météorologie des Volcans enflammés et des Volcans éteints.

Un orage d'été vint mêler ses nuées aqueuses & pesantes aux nuées sulfureuses & minérales du Volcan..... Page 260.

Il paroît que l'affinité est la cause de ces phénomenes magnifiques & peu connus : les nuées orageuses renferment le fluide électrique en grande quantité, & le fluide volcanique en est saturé : ces deux substances homogenes doivent se réunir. J'ai observé une intususception singuliere de la fumée de la poudre à canon, & de la fumée de soufre dans l'acide méphitique du Volcan de Saint-

Léger : ces analogies expliquent le phénomene.

Le nuage orageux est d'ailleurs très-
humide, & on sait que l'humidité absorbe
le fluide gazeux & le fluide électrique
avec avidité ; il faut donc que lorsqu'un
orage s'approche d'un Volcan, il absorbe
ses émanations.

J'ai vu en Vivarais le Volcan de
Coupe former lui-même l'orage ; & toutes
les fois que j'ai vu des nuages s'accumuler
sur le Volcan, j'ai prédit les ravages de
la grêle , qui ne tardoit pas à fondre
sur les campagnes , & dans la vallée sur
laquelle ma maison dominoit. Je traite
au long la météorologie volcanique dans
mon cinquime volume , sous presse.

Voila les phénomenes que présentent nos vieux Volcans de la France
Méridionale , & les phénomenes analo-

gues des Volcans actuellement en éruption. La Gazette d'Amsterdam, du
Mardi 10 Juillet 1781, N°. 55, vient
d'annoncer la formation d'un gouffre
incendié, qui mérite l'attention des Naturalistes. La montagne, dite *Monte-
Nero*, près de Cagli, dans le Duché
d'Urbin, après divers tremblemens de
terre qui ont désolé plusieurs villes &
campagnes, s'est entr'ouverte : ce phénomene étoit accompagné d'un bruit
épouvantable; & il est sorti du gouffre
une fumée sulfureuse. Les tremblemens
de terre s'étoient propagés auparavant
tout le long de la mer Adriatique; An-
cone, Sini-Gaglie, Rimini, & autres
places de l'Etat Ecclésiastique, ont res-
senti les secousses, qui ne cessoient point
à Cagli : nous désirons de plus amples informations de ce phénomene,
dont les circonstances confirment notre
théorie des éruptions dans toutes ses
parties.

Au reste, nous nous sommes servis dans cette sixieme Lettre, à laquelle nous ajoutons cette Note, de la Traduction du Journal de Physique, avec la permission de M. l'Abbé Mongez qui préside à cette excellente Collection.

NOTE XXXII.

Sur la Géographie ancienne de l'Etna, et sur ses éruptions,

Pour être ajoutée à la page 141 de cet Ouvrage.

L'Histoire ne fait point mention de la premiere éruption de l'Etna; Diodore & Thucydide en ont fait connoître les premieres époques, dit M. de Vaugondi: ce Volcan agissoit avant la guerre de Troie & l'entrée des Sicules en Sicile. Il éprouva trois éruptions depuis l'an 772 jusqu'en 388 ans avant J. C. On en trouve quatre sous les Consuls Romains, dans l'espace de dix-neuf ans; savoir, sous Lelius, en 140 avant J. C.; sous Fulvius Flaccus, en 135; sous Aurelius, en 125, & sous Cecilius Metel-
lus,

lus, en 122. Ce Volcan éprouva encore
une éruption considérable sous Jules
César, en l'année 44; elle fut si considérable, qu'on en ressentit la secousse à
Rhegium : la mer en fut si échauffée,
que les poissons en moururent; les vaisseaux des Iles Eoliennes en furent embrasés. Catane, fondée par une colonie
de Naxiens, sous la conduite d'Evar-
chus, 728 ans avant J. C., est la principale ville des environs de l'Etna : ses
habitans furent tranquilles pendant 252
ans. Hiéron les en chassa, & mit à leur
place cinq mille Péloponnésiens,& autant
de Syracusains, & changea le nom de la
ville en celui d'*Etna*.

Mais quinze ans après, Hiéron étant
mort, les anciens habitans revinrent dans
la ville, chasserent les nouveaux, & dé-
truisirent le tombeau du Tyran. Les
Etnéens se retirerent dans la contrée

du mont Etna, au Nord, & y bâtirent une ville, qu'ils nommerent *Ineſſa*, à quatre-vingts ſtades de Catana (*a*).

(*a*) Note communiquée par M. Robert de Vaugondi, Ingénieur-Géographe du Roi.

Fin des Notes & des Commentaires.

EXPLICATION

DE LA CARTE DES CHAMPS FLÉGRÉENS, DU MONT VÉSUVE ET DE SES ENVIRONS;

DRESSÉE pour l'intelligence de cet Ouvrage & l'utilité des Voyageurs, & tirée de l'Ouvrage de M. le Chevalier HAMILTON.

GEOGRAPHIE ANCIENNE.

L'ANCIENNE Campanie s'étendoit depuis la riviere de Liris jusqu'au promontoire de Minerve, appelé actuellement encore *Il Capo di Minerva* : elle étoit bornée au nord-est par le pays de Samnium, & au sud-ouest par celui des Hir-

D d ij

piniens. Dans cette contrée, la plus belle & la plus fertile de toute l'Italie, se trouvoient les villes suivantes : sur la côte, Liternum, Baiæ, Misenum, Puteæli, Neapolis ou Parthenope, Herculaneum, Pompeii, & Surrentum, présentement *Torre di Patria*, *Baie*, *Monte Miseno*, *Puzzuolo*, *Napoli*, *Torre del Greco*, *Scafati*, *Sorrento*. Dans l'intérieur du pays, Capua, dont on trouve encore les ruines à environ deux milles de la ville du même nom ; Suessa Aurunca, Venafrum, Casilinum, Teanum Sidicinum, Calatia, Cales, Atella, Acerræ, Nola & Nuceria, connues à présent sous les noms de *Sessa*, de *Vénafro*, de *Nova Capua*, de *Tiano*, de *Cajazzo*, de *Calvi*, d'*Aversa*, d'*Acerra*, de *Nola*, & de *Nocéra*. La petite étendue de pays, située entre le promontoire de Minerve & le Silarus, étoit habitée par une Colonie de Picentins,

qui y avoit été envoyée par les Romains.
Pline (*a*) & Ptolomée les appellent *Pi-*
centins , pour les distinguer des Picen-
tes , qui habitoient Picenum sur le bord
du golfe Adriatique.

Voila la Géographie ancienne de
cette contrée , dont M. le Chevalier
Hamilton a si bien décrit les révolutions
physiques ; il ne reste plus , de tant de
villes, que des ruines ou des édifices peu
comparables à leur ancienne splendeur,
la plupart enfouis sous des courans
de lave qui ont inondé les contrées
qu'on reconnoît de plus en plus chaque
jour.

Outre les découvertes d'Herculanum
& de Pompeia, qui font par elles-mêmes,
dit M. Bridone , une grande source d'a-

(*a*) Plin. l. III , c. 5 & 12.

musement, toute la côte qui environne Baie, & en particulier près de Puzzole, Cumes, Micene & Baie, est couverte d'une quantité innombrable de monumens de la magnificence Romaine. Mais, hélas ! combien cette nation puissante est déchue ! Ces cantons délicieux, qui étoient autrefois le jardin de l'Italie entiere, & qui n'étoient habités que par des hommes riches, voluptueux, livrés à tous les plaisirs, sont abandonnés aujourd'hui aux êtres les plus misérables de la race humaine. Il n'y a peut-être point de partie du globe qui ait éprouvé un changement si absolu, ou qui puisse offrir une peinture si frappante de la vanité des grandeurs humaines. Ces murs, qui jadis enfermoient César, Lucullus, Antoine, sont à présent occupés par les plus pauvres & les plus vils des hommes, mourant de faim dans ces mêmes appartemens qui étoient le théa-

tre du luxe pouſſé à des excès qu'il
n'eſt pas poſſible de concevoir, & où
l'on nous dit qu'il ſe donnoit ſouvent
des ſoupers qui coutoient cinquante mille
livres ſterling (a), & quelques-uns dont
le prix montoit au double de cette
ſomme. Il eſt difficile à préſent de ſe
former quelque idée de cette magnificence. Le luxe de Baie étoit porté ſi
loin, qu'il étoit devenu un proverbe,
même parmi les voluptueux Romains.
On ſait qu'à Rome, on accuſoit ſouvent
d'être efféminés & Epicuriens ceux qui
paſſoient trop de temps dans ces jardins
enchanteurs. Clodius le reprocha plus
d'une fois à Cicéron : cet Orateur y
ayant acheté une maiſon de campagne,
ſe fit beaucoup de tort dans l'eſprit des
plus graves & des plus auſteres Séna-

(a) La livre ſterling vaut environ vingt-
trois livres tournois.

teurs. Les murailles de ces Palais subsistent encore, & les pauvres paysans y
ont bâti en quelques endroits leurs ca-
banes. Il n'y a pas aujourd'hui un seul
homme à son aise, qui réside dans cette
partie du pays; & si l'on en compare
l'ancien état avec l'état actuel, on apperçoit le plus frappant de tous les con-
trastes.

NAPLES en est la capitale : cette ville
est située entre le Vésuve & les champs
Flégréens, aux bords de la mer; les
anciens font mention des sources d'eaux
chaudes & des bains situés dans la ville.
Les Romains la soumirent ; & une fois
attachée à la ville de Rome, elle ne
viola jamais sa foi ; aussi les Romains la
déclarerent libre & confédérée.

HERCULANUM. Les fouilles de cette
ville se font à 70, & même jusqu'à 112

pieds au deſſous de la ſuperficie actuelle du terrein. Pour arriver à cette profondeur, dit M. le B. de Dietrich, on ne traverſe que des couches volcaniques entrelacées de petites couches de terre végétale. M. Hamilton a vu creuſer un puits, dans lequel on a trouvé un torrent de lave à 25 pieds au deſſous du niveau de la mer.

POMPEII, fameuſe ville couverte de pierres ponces & autres matieres vomies par le Véſuve, dit M. Hamilton, pendant l'éruption à jamais mémorable de l'année 79 de l'Ere Chrétienne, par la mort de Pline. On a découvert le Temple d'Iſis, & le Roi des deux Siciles a fait fouiller dans le Temple & dans l'ancienne ville, & les découvertes ſont décrites dans le Recueil fameux des Antiques d'Herculanum, où les monumens ſont gravés. La premiere découverte fut faite par des paysans qui plantoient la vigne. Sous le Temple, on a trouvé des roches de laves fondamentales, qui démontrent une plus haute antiquité du Vésuve, dont on ne doit pas fixer la premiere éruption en l'an 79 de J. C.

SÉNEQUE le Philosophe décrit un horrible tremblement de terre, arrivé l'an 63 dans les campagnes qui sont dans les environs du Vésuve, par lequel la ville de Pompeï, dit-il, fut engloutie. Le P. De la Torre attribue à ce tremblement la destruction de Pompeï, que M. le Chevalier Hamilton place en l'an 79. Séneque ajoute qu'une partie d'Herculanum fut renversée, & que Naples & Nocera furent endommagées. On voit dans les laves qu'on creuse à Scafati, un peu au delà de la tour de l'Annonciade, des vestiges de cet événement. On y a trouvé des squelettes, & sur-tout

un de femme qui avoit encore des ba-
gues & des bracelets d'or. Ce tremblement de terre, dit le P. De la Torre,
fut l'avant-coureur de l'incendie de l'an
79 de J. C.

On a déterré à présent, dit M. Ferber, la plus grande partie de cette ville;
on peut se promener dans les rues, entrer dans les maisons, qui sont sans toit :
on a découvert les portes de la ville &
même les gonds qui retenoient les battans
de ces portes. Les rues sont pavées avec
de la lave; elles ont des trottoirs pour les
gens à pied : on voit des ornieres au
milieu des rues, qui annoncent le passage
des voitures.

Stabia, ville détruite par Sylla,
sous le Consulat de Cn. Pompée & de
L. Caton; elle étoit recommandable
par ses eaux minérales & le lait de ses

vaches, fort recherché dans la Médecine. Elle n'a plus recouvré sa splendeur.

NOLA, ville remarquable, est mise au rang des plus anciennes. Justin prétend qu'elle a été bâtie par les Chalcidiens; Paterculus dit que les Turcs en sont les fondateurs; Solin l'attribue aux Tyriens: elle offre encore des traces de sa splendeur. Cette ville avoit deux amphithéatres, l'un de marbre & l'autre de brique, des Temples consacrés à Jupiter, à Mercure, & à Auguste. Suétone rapporte que cet Empereur y est mort dans la même chambre que son pere. Elle fut témoin de la défaite d'Annibal par Marcellus, lorsque ce Général Carthaginois vint l'assiéger inutilement.

POUZZOLE, ville célebre, bâtie entre la Solfaterra & la Méditerranée, a donné son nom à la précieuse matiere dite *pouz-*

zolane, dont les Romains se sont servis pour bâtir sous l'eau. Cicéron avoit une maison de campagne appelée l'*Accademia*. On voit encore quelques restes du fameux Portique. Pline a fait la description de cette maison de plaisance dans son livre XXXI, chap. 1. Adrien, qui mourut à Baya, y fut enterré, & Antonin éleva un Temple près de son tombeau. Cicéron (*a*), dans ses Lettres à Atticus, fait mention des *Horti, Cluviani, Piliani, & Lentulani*, situés dans le voisinage.

On voit encore dans les environs les restes d'un Temple de Sérapis, & les restes de l'ancien mole appelé le *pont*

______

(*a*) On publiera, dans peu de temps, à Paris, chez MOUTARD, une nouvelle Traduction des Œuvres complettes de ce grand Orateur.

de Caligula. Selon Suétone, cet Empereur fit conftruire un pont fur des vaiffeaux attachés au mole de Puzzole, qui alloient jufqu'à Baya, éloigné de plus de trois milles.

Les bains de Néron font dans le voifinage; la chaleur des eaux minérales y eft fi forte, qu'on peut y faire cuire des œufs en peu de temps. Au refte, on prétend que Pouzzole fut fondée par les Samniens, l'an du monde 3535. Baya & fes environs annoncent encore l'ancienne fplendeur de cette ville.

Nullus in orbe locus Baiis prælucet amænis.

Jules César avoit une maifon de campagne dans le voifinage où Marcellus fut empoifonné par Livie. Hirrius, felon Varron, y en avoit une autre, de même que Pifon, chez qui fut tramée la conjuration de Pifon contre Néron.

Cicéron parle des fameux viviers de Domitien & d'Hortenfius fur cette côte: quoique couverts de la mer, on apperçoit encore, dans une journée calme, plufieurs débris de bains & de viviers fitués dans le voifinage. Julia Mammea avoit une maifon à Baya, qui fut bâtie par Alexandre Severe : Séneque parle des maifons de campagne de Céfar, de Pompée, & de Marius, dans ce voifinage. Ce fut à Baya que fe forma le fameux Triumvirat de Céfar, Pompée & Antoine. Adrien mourut à Baya : les révolutions morales ont auffi autant agité cette contrée, que le fol phyfique formé de tufa, femblable au tufa de Paufilipe. M. Robert de Vaugondi, du manufcrit duquel j'ai tiré une partie de ces notices, fe prépare à publier une Géographie ancienne, où ces villes font décrites avec la plus grande exactitude, & avec beaucoup de méthode.

GÉOGRAPHIE PHYSIQUE

DU VÉSUVE ET DE SES ENVIRONS.

CETTE Carte, tirée de l'Ouvrage de M. le Chevalier Hamilton, peut suppléer en quelque sorte aux magnifiques tableaux enluminés que ce Savant a insérés dans son Ouvrage : elle sera très-utile en même temps aux Voyageurs & aux Lecteurs de cet Ouvrage.

LE Vésuve est environné en partie de la montagne de Somma. L'*Atrio di Cavallo*, situé entre le Vésuve & Somma, est une large & profonde vallée en demi-cercle : les éruptions récentes du Vésuve ont rejeté dans cette excavation divers courans de lave, qui peu à peu rempliront cet espace, & uniront enfin le Somma au Vésuve.

M.

M. le Chevalier Hamilton, qui eut
l'honneur de conduire Leurs *Majeſtés
Siciliennes* ſur le Véſuve, pour obſerver
une éruption, a repréſenté le tableau
magnifique d'une cataracte de lave qui
découloit entre Somma & le Véſuve.
Qu'on ſe repréſente, s'il eſt poſſible,
l'effet de la chute de la lave d'une hauteur de cinquante à ſoixante pieds perpendiculaires.

Les laves de 1760 ſont très-appa-
rentes dans cette carte : un tremblement
de terre précéda l'éruption de cette lave,
& fut ſenſible à Naples, ville ſituée à plus
de huit milles du lieu où ſe fit l'éruption;
ce qui démontre que le foyer du Véſuve,
Volcan ſupérieur auquel appartiennent
ces monticules latéraux, eſt très-profondément ſitué ſous la ſurface de la terre.

Avant cette éruption, le ſol étoit très-fertile, garni de vignobles; l'éruption commença par quinze bouches ignivomes, qui éleverent autant de monticules à force de vomir. Les matieres se réunirent, & en formerent sept, qui se réduisirent ensuite à quatre seulement.

Le mont Saint-Angelo, au dessus, est situé entre la tour du Grec & la tour della Anunziata; il doit sa formation à une éruption du Vésuve, dont il ne reste aucune mémoire dans l'Histoire.

A côté, sont les monticules appelés *Viuli*, élevés aussi par une ancienne éruption dont l'Histoire ne fait aucune mention : le progrès de la végétation y est plus apparent que sur le mont Saint-Ange; ce qui annonce, comme le dit M. Hamilton, qu'ils doivent leur origine à des éruptions très-anciennes.

» L'Abbé Braccini avoit déjà ob-

fervé, en 1632, dans un ravin formé
par les eaux derriere le *monte Somma*,
fix à fept couches de matieres volcaniques, toujours féparées par une couche
de terre végétale, & cela feulement fur
une hauteur de 25 empans; il dit à cette
occafion, dans fa defcription de l'éruption de 1631, pag. 52 : *Parendo ap-*
punto, che la Natura ci abbia voluto
lafciare fcritto in quefta terra tutti gli
incendj memorabili raccontatici dagli
autori. Serrao raconte que les Dominicains de la *Madonna dell' Arco* avoient
fait creufer un puits d'environ 240 pieds,
dans lequel on rencontra trois couches
de lave l'une fur l'autre, féparée par des
couches de terre. Mais pour revenir à
ce que dit M. Ferber du jardin de *Por-*
tici, quand on confidere que les laves
qui coulent hors du Véfuve peuvent
prendre autant de route qu'il y a de
rayons fur fa circonférence, que leur

cours varie à chaque éruption, qu'il faut qu'une éruption soit violente pour que la lave atteigne Portici, enfin que chaque couche est séparée par de la terre végétale; on est obligé de convenir avec M. Ferber, qu'il a fallu une suite innombrable de siecles, pour que ces différentes couches de lave, qui dans certains endroits sont au nombre de six, aient pu se placer ainsi les unes sur les autres. Le Chanoine Recupero, Auteur de l'Ouvrage dont M. Ferber fait mention en parlant de l'Etna dans sa dixieme Lettre, dit, que s'il étoit permis de juger par analogie de l'antiquité de la plus basse des laves connues vomies par l'Etna, elle auroit 14000 ans. *Voyage en Sicile de* BRYDONE, *Tom. I, p.* 160 «.

LES MONTS APENNINS viennent expirer vers le Monte Somma; le sol y est formé, dit M. Ferber, d'ostéocoles,

& de tuf déposé par les eaux qui defcendent des montagnes.

LES Apennins font corps avec une chaîne circulaire de montagnes côtieres, qui retiennent la Méditerranée & forment fon baffin ; cette chaîne eft coupée à Gibraltar : auffi la mer communique-t-elle par cette porte ouverte avec l'Océan. La chaîne fuit du Midi au Nord de l'Efpagne, fe joint aux Pyrénées, aux Corbieres, montagnes côtieres de Languedoc; elle paffe en Provence, à Gênes, où elle entre avec les Apennins dans le cœur de la Méditerranée.

LA même chaîne, coupée à Gibraltar, continue de Ceuta vers les monts Atlas, paffe en Egypte, forme l'Arabie Pétrée, les monts Liban, fépare les eaux qui verfent dans l'Euphrate, de celles qui verfent dans la Méditerranée, environne la mer Noire, & vient former les montagnes de Hongrie, se joindre aux Alpes, & finir aux Apennins : toute cette chaîne est hérissée de Volcans éteints, plus petits que ceux d'Italie, où les forces semblent réunies au Volcan majeur de l'Etna, dont les opérations sont, comme le dit le célebre Hamilton, sur une bien plus grande échelle (*a*).

(*a*) Voyez l'Histoire de la distribution des Volcans éteints autour de ce Volcan majeur & central, dans l'Histoire Naturelle de la Méditerranée. *Hist. Nat. de la France Méridionale*, tom. *IV*.

Suite de l'explication de la Carte.

M. LE CHEVALIER HAMILTON dit que la montagne de Solfaterra ayant été taillée pour y tracer le chemin exprimé dans la carte autour de la montagne, les couches du Volcan ont été visibles : Suétone (liv. IV, chap. 37) dit que Caligula fit tirer d'une partie de la montagne, des pierres dures pour paver les chaussées de l'Italie. On voit dans les environs, des restes d'un ancien aqueduc, qui portoit à Pouzzole l'eau de Sérino, qui en est éloigné de quarante milles.

Le courant, qui coula lors de l'éruption de la Solfaterra, est encore visible : la largeur de la coulée est quelquefois d'un quart de mille ; il seroit difficile à ceux qui n'ont pas été témoins des opérations volcaniques, de concevoir que des laves qui ont été fluides, aient pu produire des rochers hauts & perpendiculaires. (Il faut présenter ce fait à un Critique, qui ne peut imaginer comment ce qu'on dit en Histoire Naturelle avoir été fluide, peut se trouver en pointe, en pic, en escarpement.)

M le Chevalier Hamilton explique ainsi ce phénomene. Après que la lave a rempli les bas-fonds des vallées, dit-il, les eaux pluviales, les eaux courantes emportent les matieres volcaniques légeres & détachées des côtés, & la lave reste ainsi perpendiculaire.

J'ai été ravi de trouver dans cette explication, résultat d'une combinaison de plusieurs faits, & d'une méditation long temps soutenue, la confirmation de ce que j'ai observé en Vivarais.

LE Volcan de Neyrac ou de Saint-Léger n'est aujourd'hui qu'un amphi-théatre, un vrai cratere primitif, qui n'annonce qu'un feu souterrain, encore agiſſant, formant des gaz, vomiſſant de l'eau gazeuſe, ferrugineuſe & chaude vers le milieu du cratere.

LA coulée de cet antique Volcan remplit encore en partie les bas-fonds de la vallée, & l'Ardeche a même creuſé un ſecond lit dans cette lave baſaltique.

MAIS avant de creuſer ce lit ſecon-daire, il faut néceſſairement que ſes eaux aient déblayé toute la lave mobile, fragile, légere, pulvérulente, terreuſe & pouzo-lanique, qui formoit la charpente du cra-tere ; or ce cratere étoit ſitué vers le fond de la vallée.

L'EXCAVATION du lit de la riviere dans

le basalte, est un fait avéré ; mais l'eau peut-elle avoir creusé ce lit, sans, au préalable, avoir déblayé les matieres supérieures & superposées ? On ne peut dire que le Volcan du Souliol ait vomi cette lave ; car sa pente est à l'autre revers de la montagne : les loix des fluides s'opposeront à cette assertion. Le courant de lave basaltique, qui environne le Volcan de Neyrac, a donc été vomi par ce Volcan ; l'eau de la riviere s'est creusé un lit dans cette coulée ; mais elle a déblayé auparavant la montagne conique ; & cette opération est analogue à celle qui est expliquée par M. le Chevalier Hamilton. Une coulée de laves annonce un cratere ; cette coulée ne peut avoir été détruite en partie qu'après la destruction des matieres superposées : or le Volcan étoit situé alors au niveau des eaux, qui, avant de déblayer la coulée, emporte-rent les matieres mobiles supérieures.

La Solfaterra, dont les coulées de laves ont occasionné cette courte digresfion, n'a qu'une seule entrée par un chemin creux; Strabon en fait mention fous le nom de *Forum Vulcani* : le cratere de forme ovale est d'environ 1 500 pieds de longueur fur 1000 pieds de largeur. Ce Volcan éprouva une éruption en 1198, fous le regne de Frédéric II; la couche de matieres volcaniques fur les ruines du Temple de Sérapis, près de Puzzole, est fans doute le produit de cette éruption. Les eaux pluviales paroiffent avoir formé, fous la plaine de la Solfaterra, un lac que des reftes de feu volcanique, au deffous de ce lac, font bouillir continuellement. La vapeur de cette eau fort continuellement & avec effort en plufieurs endroits. L'eau que caufe cette vapeur, est la même qui forme la fource chaude des Pifciarelli.

La vapeur volcanique fort avec plus de force dans certains endroits du cratere de la Solfaterra : on place au deſſus des tuiles, pour recevoir le ſel ammoniac qui s'y attache : on y trouve du ſoufre natif, & un mélange d'arſenic & de ſoufre criſtalliſé de couleur de cinabre. On en tire annuellement 273 quintaux de ſoufre, près de deux quintaux de ſel ammoniac, & 37 quintaux d'alun. Le feu ſouterrain élabore toutes ces matieres, & les forme par volatiliſation ; & M. le Chevalier Hamilton penſe que ce lieu pourroit devenir beaucoup plus lucratif avec un peu plus de ſoin & d'induſtrie. On prépare l'alun en mêlant la terre avec l'eau des Piſciarelli, dans des chaudrons de plomb ſimplement échauffés par le feu volcanique de l'endroit où ils ſont placés.

La ſource d'eau chaude, appelée

Pisciarelli, fort d'une partie du cône de la Solfaterra avec un bruit fouterrain horrible & continuel, comme le bouillonnement d'un chaudron immenfe : le peuple de Naples & du voifinage en fait un grand ufage en été, pour les maladies de la peau ; la vapeur chaude altere les roches volcaniques, & on trouve dans les environs du foufre pur.

Le Docteur Cirillo, favant Médecin Napolitain, a fait plufieurs expériences fur les eaux de Pifciarelli en préfence de M. Hamilton. Elles ont un goût acide, aftringent & falin ; elles bouillent en apparence, & donnent une vapeur chaude très-humide, dans la quelle le thermometre de Farenkeit s'éleva à 101 degrés. Cette eau neutralifoit l'eau de chaux en y faifant une dépofition verdâtre : mêlée avec de l'huile de vitriol, avec la

teinture de tournefol, & avec du firop
de violette, elle rougiffoit. Un alkali
faturé, avec le bleu de Pruffe, donna
à cette eau une couleur verdâtre avec
dépôt de bleu de Pruffe, figne certain
que l'eau contient du vitriol de Mars:
mêlée avec de l'huile de tartre, elle ne
faifoit point d'effervefcence ; mais on
doit répéter cette expérience avec attention, dit l'Auteur : en mouillant les incruftations falines autour de cette fource
chaude, avec le même alkali faturé, on
produit un bleu de Pruffe foncé ; ce qui
annonce l'alun & le vitriol. Dans les
bains près du lac d'Agnano, on voit auffi
des incruftations falines de même nature.

On trouve dans la carte, en K, le chemin qui conduit de la Solfaterra & des
Champs Flégréens à Naples. On l'appelle
Grotte de Paufilipo ; elle eft creufée dans
une chaîne de montagnes qu'elle tranf-

perce, & dont la pierre est de tufa tendre; elle a 2400 pieds de longueur, 22 de largeur, & 90 d'élévation dans quelques endroits, & 70 dans d'autres. C'est un grand & ancien ouvrage dont Strabon, Séneque, & plusieurs autres Auteurs font mention.

Au dessus se trouve le tombeau de Virgile, reste du monument que l'Antiquité éleva à l'un des plus grands Poëtes du monde; il est posé sur d'anciens tufa, qui est une véritable production volcanique. Un peu au dessus se voit le *Capo di-Monte*, & la montagne des Camaldules.

B. ILE DE NISIDA, qui fait partie du systême du grouppe des Volcans des Champs Flégréens ; c'est un Volcan éteint qui s'éleve du sein des eaux avec son cratere : tout le sol en effet est composé de tuf semblable à celui de la Grotte de Pausilipe.

C. Bagnoli. Le Lazaret, sur un rocher, entre la pointe & l'Ile Nisida. M. le Chevalier Hamilton croit que ce roc faisoit système avec le Volcan de Nisida ; les eaux, entre cette Ile & le roc, sont peu profondes.

Le Lac d'Agnano a été évidemment le cratere d'une montagne ignivome. L'eau du lac semble bouillir, des bulles s'élevant avec précipitation sur la surface de l'eau : les Anciens appeloient *Colles Leucogæi*, les montagnes environnantes de ce lac.

M. La Grotte du Chien est à coté ; elle a environ douze pieds de longueur, quatre de largeur, environ neuf d'élévation à l'entrée, & beaucoup moins en dedans ; elle est creusée dans des matieres volcaniques.

Astruni,

ASTRUNI, Volcan éteint & à cratere, dans lequel on ne peut entrer que
par une petite porte : quoiqu'on n'ait
aucune relation historique de la formation de cette montagne, M. le Chevalier Hamilton pense néanmoins qu'elle
est de formation récente. Ce cratere a
environ six milles de circuit, entouré
d'un rempart pour y contenir des daims
& des sangliers pour l'amusement du Roi
des deux Siciles. On doit voir, dans
un grand Ouvrage intitulé *Voyage pit-
toresque d'Italie*, le plan de ce Volcan
& ceux des Champs Flégréens : on croit
être sur les lieux en observant cette gravure magnifique.

MONTE BARBARO, Volcan à cratere,
au fond duquel il y a une plaine fertile
d'environ quatre milles de circuit : Pline
dit (chap. 3, liv. IV) que les vignes de
Falerne, transplantées sur cette montagne,

Ff

avoient dégénéré. On voit, des hauteurs de cette montagne, comme à vue d'oiseau; 1°. le Monte Nuovo; 2°. le lac d'Averne; 3°. le lac de Fufaro, ou l'Acheron des Anciens; 4°. l'Arco Folice, qui étoit l'ancienne porte de Cume, comme on le croit; 5°. la montagne de Cuma, la plus ancienne ville de l'Italie. Le fol eft un tufa femblable à celui des hauteurs voifines, & fait portion d'un vieux cône de Volcan. Cume étoit célebre par la demeure de la Sibylle, & par un Temple fuperbe que Dédale y avoit bâti.

Pofuitque immania Templa.

Virg. Æn. 19.

Il fe trouve encore fous terre des traces de cette ville.

Dans les environs on obferve le lac & la tour de Patria, où étoit le tombeau de Scipion l'Africain.

Ingrata Patria, nec offa mea habebis.

Monte Nuovo, production volcanique formée en quarante-huit heures
l'an 1538, près de Puzzole. La montagne est composée en partie de tufa
semblable à celle de la grotte de Pansi-
lippe, plus tendre, & en parties détachées. Cette lave élaborée par l'eau qui
s'est mêlée avec les cendres volcaniques,
explique la formation des tufa. Près de
la surface il y a une couche mince de
lave, qui, selon la relation de la formation de cette montagne, fut jetée du
fond du cratere, où on l'avoit vue bouillir
comme dans un chaudron : elle donna
la mort à environ vingt personnes, que
la curiosité avoit portées à regarder dans
le cratere, un jour ou deux après la
naissance de cette montagne. Il sort
encore de cette montagne une vapeur
chaude comme celle de l'eau bouillante,
sans goût & sans odeur.

Ff ij

SELON M. Ferber, Monte Nuovo a 400 toises de hauteur & 3000 pieds de circonférence.

LE LAC d'AVERNE, si célebre parmi les Poëtes de l'antiquité qui y ont introduit leurs Héros, Hercule, Ulysse, Enée, pour sacrifier aux manes, ou pour consulter la Sibylle.

J'OBSERVERAI ici qu'une contrée volcanisée de la France s'appeloit *Arverni*, que M. de Gensane a trouvé en Languedoc un Volcan dit l'*Averne*, & que M. Bernard en a trouvé un autre en Provence de même nom.

VIRGILE fait mention de la grotte de la Sibylle dans le livre VI de l'Enéide. On trouve à l'autre bord du lac les ruines d'un Temple dédié à Proserpine selon Virgile, & à Junon Infera selon Ovide. Annibal sacrifia dans ce lieu quand il vint affiéger Puzzole (*Tit. Liv. IV, Dec. 3*).

E. LAC LUCRIN, célebre par ses poissons excellens; l'éruption de Monte Nuovo l'a beaucoup rétréci.

D. CAMPIGNA.

C. BAGNOLI.

H. MONTE-PALOMBARA.

I. MONTE-ROSSO.

F. MONTE DI CUMA.

G. MARE MORTO, cratere écroulé de Volcan, selon M. le Chevalier Hamilton, qui forma vraisemblablement les montagnes volcanisées adjacentes qui l'environnent. Ces endroits retiennent encore le nom de *Champs Elisées*. On y trouve des vestiges de la maison de campagne d'un monstre célebre revêtu de l'autorité impériale; Agrippine sa mere y fut traitée avec splendeur, avant qu'elle s'embarquât sur le bâtiment qu'il avoit fait préparer pour la perdre.

F f iij

L. Pointe de Misene, d'où Pline découvrit l'éruption du Vésuve, & où il mourut en observant : la postérité a avoué combien il avoit eu de courage, & combien ce grand Naturaliste étoit dominé par l'amour des découvertes. De concert avec tous les Savans François, je prie le Pline moderne du Vésuve de ne pas exposer ses jours, comme ce Naturaliste qu'il a imité dans ces travaux. Nous attendons tous une suite d'observations que le célebre Ministre Britannique ne cesse de faire sur les Volcans du Vésuve & autres du voisinage ; en lisant ses Ouvrages, on craint & on souffre même de le voir exposé à tant de dangers. Ce grand Observateur me fait l'honneur de m'écrire qu'il vient de publier un Supplément à son Ouvrage *in-folio*, avec trois planches enluminées sur l'éruption du Vésuve arrivée en 1779. Nous avons inséré ci-dessus ce supplément, pag. 248.

SUR

LES VOLCANS

ÉTEINTS

DES ENVIRONS DU RHIN.

LETTRE

*A M. le Chevalier JEAN PRINGLE,
du 29 Septembre 1777 (a).*

MONSIEUR,

COMME je ne me rappelle pas d'avoir
jamais ouï dire ni lu aucun détail sur les

(a) La Traduction de cette Lettre est de
M. l'Abbé de Magis, Chanoine de Liege.

anciens Volcans des bords du Rhin, j'ai le plaisir de vous adresser quelques remarques imparfaites que je viens de faire pendant cinq jours dans le voyage délicieux que j'ai fait depuis Bonne jusqu'à Maïence.

La premiere trace évidente de Volcan qui a existé jadis dans cette contrée, s'est offerte à moi dans la cour du Palais de l'Electeur Palatin, à Dusseldorff, qu'on pave actuellement avec une lave exactement semblable à celle de l'Etna & du Vésuve ; & m'étant informé du lieu d'où l'on tiroit cette pierre, j'ai appris qu'elle provenoit d'une carriere appartenant au même Electeur, à Unkel, entre Bonne & Coblentz.

Lorsque je fus arrivé aux portes de Cologne, je fus frappé à la vue du nombre prodigieux de colonnes basaltiques dont on avoit bâti les murs de la ville, & j'ai observé qu'on s'en servoit pour les bornes des rues & des portes. En général elles font de figure pentagonale ; plusieurs font exagones, & quelques-unes ont seulement quatre côtés (*a*). Elles ressemblent beaucoup aux basaltes & pavés de la chaussée des Géans, mais sans articulations régulieres ; & j'ai été informé que ces colonnes provenoient également de la carriere d'Unkel, & que la ville de Cologne est en possession, par un ancien droit ou privilége, de tirer de cette carriere autant de pierres qu'elle peut en avoir besoin pour son propre usage.

Je me suis également apperçu que les murailles de la plupart des anciens édifices dans la ville font d'un tuf exacte

---

(*a*) Voyez la Note I, ci-après, p. 466.

ment semblable à celui de Naples & de ses environs. Cette sorte de pierre, ainsi que je l'ai appris, abonde sur les rives du Rhin, entre Bonne & Coblentz.

Toutes ces circonstances augmente-rent ma curiosité & mon attention, lorsqu'aux approches de Bonne je fus frappé de l'appareil extérieur de sept Volcans, distans de deux lieues de l'autre côté du Rhin, tandis qu'on voit dans les murailles & les pavés des rues de Bonne une quantité de colonnes basal-tiques dont j'ai fait mention ci-dessus.

Les pierres dont on fait généralement usage dans le pays, sont extrêmement compactes; c'est un tuf dur, volcanique, pareil à celui de Piannura, près de Na-ples, & de l'espece connue sous le nom de *Peperino* : elle ressemble beaucoup à la pierre de taille ; & en l'examinant de

près, on la trouve mêlée d'autres fragmens de lave & autres substances volcaniques.

Le lendemain de mon arrivée à Bonne , je visitai trois montagnes volcaniques, connues sous le nom de *Wolc-
kenberg, Tackenfelts, & Stromberg ;*
elles sont du nombre des sept Volcans
dont j'ai parlé ; je trouvai les deux premieres entierement composées de tuf,
& la derniere de tuf & de lave. Je puis
assurer , après avoir observé la forme &
l'appareil extérieur du reste de ces montagnes, que je les aurois trouvées également composées de la même matiere
volcanique, si le temps m'eût permis de
les observer de plus près.

Les crateres que j'ai examinés sont
encore très-reconnoissables, quoique très-
dégradés ; ils sont presque comblés par

l'injure des temps & par les décombres
des carrieres de lave qu'on exploite su-
périeurement. De chaque côté du Rhin,
& sur-tout depuis Bonne jusqu'à Coblentz , & particuliérement entre Prohl
& Andernach , j'apperçus de grandes
roches de lave ou de tuf; mais dans les
lieux où les Volcans n'ont pas agi ou posé
des laves , les montagnes & les roches
sont schisteuses.

A Ergel , dans une montagne con-
tiguë à la riviere & à l'opposite du Couvent bâti sur une île , à près de trois
lieues de Bonne , il se trouve quelques
traces de colonnes basaltiques. La carriere , selon toute apparence , ayant été
presque entiérement épuisée , j'ai souvent
pensé (& cette carriere m'en rappelle le
souvenir) que la raison pour laquelle il
n'y a presque point de restes apparens &
extérieurs de colonnes basaltiques dans

les environs du Vésuve & de Naples,
provient de ce qu'elles ont été jadis employées aux pavés des voies Romaines.
La voie Appienne est toute composée
de lave de figure pentagonale ou exa-
gonale. Les laves, toutes taillées par la
Nature, furent certainement employées
de préférence à celles que l'Art auroit
pu préparer, & qui auroient couté un
grand travail.

A Unkel, à la distance d'environ une
lieue, du côté de Coblentz, à l'opposite
de la ville, & à l'autre côté du Rhin,
se trouve la grande carriere qui appartient
à l'Electeur Palatin ; son aspect est très-
agréable & peu commun. Elle est entiérement composée de colonnes basaltiques
régulieres & détachées ; & quoiqu'on ait
tiré de cette carriere des millions de colonnes, comme on l'assure dans les villes
de Cologne & de Bonne, cette carriere

est encore cependant immense : les colonnes sont couchées en général dans un
sens horizontal ; quelques-unes sont perpendiculaires, d'autres sont inclinées vers
le Rhin, qui, lorsque ses eaux sont basses, laisse appercevoir quantité de basaltes dans son lit même. Ces basaltes (a)
s'élevent de là vers la montagne où est à
présent la carriere, au-dessus de cent
pieds, & sont, comme je l'ai dit ci-
dessus, la plupart de figure pentagonale :
les plus petites sont les plus distinctes,
les plus régulieres, & d'environ six pouces
de diametre. La plus large de ces colonnes, que j'ai mesurée dans la carriere,
ou bien la plus considérable que j'ai
observée, étoit d'environ trois pieds de
longueur, & d'environ un pied & demi
de diametre. Les autres laves basaltiques
du voisinage sont de même nature ; quel-

____

(a) Voyez la Note II, ci-après, p. 469.

ques colonnes ont la même forme, mais aucune n'est aussi réguliere ; & je ne doute aucunement que tous les basaltes, dans quelque lieu qu'ils puissent exister (*a*), n'aient tiré leur origine du feu souterrain, & ne soient de véritables laves.

J'espere que quelque Naturaliste, qui aura plus de loisir, examinera plus particuliérement cette contrée. Il est étonnant que des monumens aussi apparens de tant d'ouvrages volcaniques n'aient pas attiré sur cet objet l'attention des Naturalistes, dans un pays aussi bien habité.

Je dois faire mention ici d'une autre circonstance curieuse. A Andernach, entre Bonne & Coblentz, j'ai vu un tas de pierres de tuf toutes taillées, couchées aux rives du Rhin, & préparées pour des vaisseaux Hollandois. Après avoir

(*a*) Voyez la Note III, ci-après, p. 474.

fait des recherches, j'ai appris qu'il se
fait un commerce très-considérable entre
cette ville & la Hollande, où l'on triture
cette sorte de pierre par le moyen des
moulins à vent, pour s'en servir en guise
de pouzolane pour les constructions sous
l'eau ; ce qui confirme ce que j'ai dit dans
une de mes Lettres précédentes à la
Société Royale, savoir, que le tuf de
Naples est composé d'une pouzolane
préparée par le feu volcanique dans les
entrailles les plus profondes de la terre,
& mélangée avec l'eau pendant l'explosion. Cette lave forme une sorte de
ciment naturel, que les Hollandois réduisent de nouveau dans son premier
état de pouzolane (a). Je me flatte que
vous voudrez bien m'excuser de vous
avoir adressé une relation aussi impar-
faite : le temps ne me permettant point

_____

(a) Voyez la Note IV, ci-après. p. 476.

d'examiner

d'examiner cette matiere plus particuliérement, & mon deffein n'étant que de prendre une notice de ce pays curieux, défirant qu'on l'examine ultérieùrement; tandis que ce que j'ai obfervé me confirme toujours dans mon opinion, que j'exprime encore de la forte : LES VOLCANS SONT DES AGENS DE LA NATURE PLUS PUISSANS QU'ON NE LE CROIT COMMUNÉMENT.

Je fuis, Monfieur,

Votre très-humble &
très-obéiffant ferviteur,
WILLIAM HAMILTON.

Gg

NOTES
ET COMMENTAIRES
Sur la description des Volcans des environs du Rhin.

NOTE PREMIERE.

SUR LES FORMES DES LAVES BASALTIQUES.

Plusieurs, dit M. le Chevalier Hamilton, *sont hexagones, quelques-unes ont seulement quatre côtés : elles ressemblent beaucoup aux basaltes & pavés de Géans, mais sans articulations régulieres, &c.* Page 457.

TOUTE matiere basaltique n'est point prismatisée : dans nos contrées méridionales, hérissées de tant de Volcans éteints,

on connoît une infinité de coulées de
matiere bafaltique , confufément divifée
dans fon retrait par le défaut des conditions néceffaires. J'ai obfervé à ce fujet,
que le fol qui s'approprie la chaleur in-
candefcente des laves pendant le refroidiffement , déterminoit les formes par
fa propre configuration ; un fol uniforme
opere en effet des refroidiffemens gra-
dués , femblables ou égaux , dans des
temps égaux ; de toutes parts il fe fait
des retraits femblables : dans un terrein
raboteux , montueux & irrégulier , les
conducteurs de la chaleur qui s'échappe
des laves , n'étant point femblables entre
eux , précipitent d'un côté les degrés
de refroidiffement qui font retardés ailleurs ; alors il n'y a aucune correfpon-
dance dans les retraits de la lave, ni aucune forme géométrique. Un grand
nombre d'obfervations & de comparai-

sons des formes du sol fondamental aux laves supérieures que j'ai si souvent & si long-temps observées dans ma Patrie, m'ont prouvé ces vérités.

NOTE II.

Sur la position des laves basaltiques, et comparaison des diverses
positions. Page 462.

Les coulées bafaltiques des Volcans
éteints donnent le plus grand jour à
l'Hiſtoire des révolutions du globe ; la
ſeule coulée des hauteurs & plateau ſupérieur du mont Coiron en Vivarais,
peut prouver clairement , par exemple ,
que les vallées ont été formées par l'action des eaux courantes , pluviales & fluviatiles : on ne peut ſe refuſer d'admettre
cette vérité , lorſqu'en conſidérant cette
grande coulée qui couvre tant de terrein,
on la trouve ſillonnée & coupée dans ſa
propagation par un ravin , & que , d'un
autre côté , on obſerve dans le pays inférieur la matiere volcanique détruite ,

amoncelée en forme d'atterrissement, &
changée en cailloux roulés.

IL est d'ailleurs des restes basaltiques renfermés dans les plus vieilles
roches du globe (qu'on croit être les
granitiques), & ces restes sont renfermés
dans le vif du rocher comme des filons;
tout le reste de la coulée, de la charpente volcanique, de la montagne conique & ignivome, a disparu, a été entraîné, divisé, changé en cailloux roulés, en
sable menu, en atterrissement par l'eau
courante, par l'injure & la longue durée
des temps.

LES coulées basaltiques se trouvent
quelquefois isolées sur des pics monta-
gneux, sans qu'on puisse découvrir leur
correspondance à la bouche ignivome;
tel le pic de Chastelas, telle la fameuse
roche de Gourdon en Vivarais, si ap-
parente dans cette Province.

D'autres fois ces coulées couvrent d'anciens lits de riviere, reconnoiſſables encore par leurs cailloux roulés, leurs coquilles fluviatiles, inondées de laves.

J'ai obſervé enfin une coulée couvrant des pierres ſciſſiles herboriſées.

Ces plateaux de courans de lave conſervent ainſi aux Naturaliſtes les anciens ouvrages de la Nature ; & comme on peut comparer les coulées aux coulées, établir leur antiquité reſpective d'éruption, ſoit par la ſuperpoſition des courans, ſoit par les degrés divers de plus grande conſervation ou de plus grande deſtruction de la charpente volcanique, il ſuit qu'on peut faire de l'Hiſtoire comparée des coulées, l'art de vérifier les dates & époques de la Nature (a).

____

(a) Voyez la *Chronologie des Volcans*

Toutes ces positions annoncent qu'il n'est pas nécessaire à un courant basaltique de couler dans la mer, pour se prismatiser. Au lieu d'observer des retraits géométriques & réguliers, j'ai observé au contraire, en jetant dans l'eau des laves fondues, qu'elles se sont tourmentées singuliérement ; en touchant l'élément liquide, elles lui ont communiqué un mouvement d'explosion : le combat du feu & de l'eau n'a pu comporter la tranquillité ni la régularité des refroidissemens nécessaires à la configuration prismatique.

Quelques-uns cependant ayant vu (dans la fameuse Chaussée de Géans, gravée sur deux feuilles en Angleterre)

éteints de la France Méridionale, un vol. in-8°; à Paris, chez *Quillau*, *Mérigot* & *Belin*; Ouvrage que je viens de publier.

des montagnes bafaltiques aux bords de
la mer, ont voulu conclure de cette vue,
que l'eau avoit ainſi priſmatiſé la lave;
mais, en obſervant l'état de deſtruction
de cette montagne, on voit qu'elle n'eſt
plus aujourd'hui dans ſon état primitif;
on juge que les flots de la mer battant
depuis l'antiquité des temps contre cette
roche, compoſée de parties ſéparées
entre elles par le retrait, l'ont eſcarpée
à la longue, comme la mer a coupé à
pic & eſcarpé tous les bancs de coquilles,
de pierres coquillieres, &c. qu'elle a dé-
laiſſés dans ſes côtes. La hauteur prodi-
gieuſe ſur laquelle on trouve, dans cette
gravure, des baſaltes, annonce quelle
quantité de lave correſpondante fut détruite. La mer n'a donc pu produire ces
configurations, & elle n'a point touché
les laves ardentes qu'elle baigne en ce
jour.

NOTE III.

Sur l'origine de la lave basaltique.

Je ne doute aucunement que tous les basaltes, dans quelque lieu qu'ils puissent exister, dit l'Auteur, n'aient tiré leur origine du feu souterrain, & ne soient de véritables laves. Pag. 463.

ON convient aujourd'hui généralement que la matiere basaltique, que Pline a définie *Basaltes ferri coloris & duritiei*, est incontestablement l'ouvrage du feu volcanique; c'est même la matiere la plus parfaite, la mieux élaborée & la plus homogene que ces feux souterrains aient produite; elle paroît accompagner sur-tout les vieux Volcans éteints, & quelquefois les modernes. M. Adanson, de l'Académie des Sciences, a reconnu que les petits Volcans éteints de Tenerife en

avoient produit ; on trouve dans son
Voyage au Sénégal , *que ces roches
taillées en parallelipipedes verticaux ,*
composent en général ces montagnes ;
& cet Académicien ayant comparé cette
matiere avec les laves des Volcans de
l'Italie, de l'Ile Bourbon , &c. croit qu'on
ne peut lui donner un autre nom que
celui de lave (pages 11 & 12). Or,
M. Adanson écrivoit en 1757 , & dans
ce temps-là le nom de BASALTE *n'avoit
pas été donné à la lave prifmatifée des
Volcans éteints.*

NOTE IV.

Sur la pouzolane et son usage.

Les Hollandois, ces ingénieux Républicains, ont reconnu les premiers & employé la pouzolane des Volcans éteints. Obligés de construire de tous côtés des édifices sous un sol fangeux, marécageux, ou inondé d'eau maritime, ils ont perfectionné avant les autres Nations l'art de bâtir sous l'eau ; & lorsqu'ils n'ont pas trouvé de pouzolane toute prête & pulvérisée par la Nature, ils ont préparé les roches solides des Volcans éteints à devenir un des matériaux de leurs cimens, parce qu'ils ont jugé qu'elles devoient naturellement avoir la même propriété.

Je présume que le ciment, formé en partie de pouzolane, durcit promptement

fous l'eau, pour trois raifons principales.
1°. La pouzolane eſt un débris de lave
écumeuſe, vitrifiée, ou au moins fondue.
2°. La pouzolane, légere, bourſoufflée,
toute pleine de petits vides, happe l'humidité, & loge dans ſes cellules ſi menues l'élément aqueux, comme les tuyaux
& fentes capillaires aſpirent les fluides.
Ces deux faits ſont reconnus, l'un en
Chimie, & l'autre en Phyſique : or,
d'après ces deux propriétés, il paroît
que le ciment doit durcir promptement
fous l'eau, parce que l'eau de la chaux
ſe fixe dans peu dans les vacuoles vides
de la pouzolane. 3°. La chaux, dans ſon
contact avec cette pouzolane, n'agit aucunement, par ſa qualité corroſive, ſur
une matiere vitreſcible, fondue, &c.
tandis que lorſque le ſable ou le moillon
ſont calcaires, la chaux agit ſur ces matieres, & leurs réactions réciproques empêchent l'adhéſion de la chaux à ſon

moillon & à la blocaille. Deux qualités
de la Pouzolane contribuent donc & à
l'endurcissement accéléré de cette espece
de mortier, & à la tenacité de ses parties
hétérogenes & constituantes, tandis que
la grosse blocaille ou moillon, formés
de petits cailloux roulés & de débris de
roches, empêchent les retraits, les solu-
tions de continuité, retiennent les parties
en un seul corps; car la force qui pouvoit agir sur le mortier fluide, n'a aucun
pouvoir sur les corps solides, secs &
étrangers. On peut voir une théorie dé-
taillée de la pouzolane, comme ingré-
dient du ciment, dans *l'Hist. Nat. de la
France Méridionale*, tome *II* (§. 841
& *suiv.*).

RÉCAPITULATION,

ET CONCLUSIONS SUR LES OBSERVATIONS FAITES EN ITALIE ET DANS LA FRANCE MÉRIDIONALE SUR LES VOLCANS AGISSANS ET ÉTEINTS, COMPARÉS.

L'OBSERVATION n'est rien, si elle ne tient à l'observation ; mais la comparaison des faits donne de l'énergie à l'ame, l'étend & l'éclaire ; lorsqu'elle est le résultat de la méditation & d'une étude de longue durée.

Mon but seroit accompli, si je pouvois (en réunissant ici sous un seul point de vue les observations faites en-delà des monts sur les Volcans agissans & maritimes de l'Italie, par M. le Chevalier Hamilton, & les faits décrits dans mon Ouvrage & observés en France) donner quelques nouvelles vûes, & établir des conclusions sur une saine dialectique. Je les ai déjà déterminées dans mon quatrieme volume, & je les donne encore ici, comme étant liées en partie avec l'Ouvrage sur le Vésuve que nous devons à M. Hamilton.

I.

Les laves basaltiques qui dominent sur le Volcan de Mezin, situé entre le Vivarais & le Velay, sur une chaîne de montagnes élevées d'environ mille toises au dessus du niveau de la mer, sont analogues aux laves basaltiques du Volcan d'Agde, situé au niveau même de la Méditerranée.

Les mêmes laves basaltiques des plus hauts sommets des montagnes Vivaroises, sont analogues encore à celles qu'on a tirées du fond des puits creusés dans le Volcan

Volcan de Brescou au dessous du même niveau de la Méditerranée.

Donc la Nature donne des produits volcaniques semblables sur les hauteurs sourcilleuses du globe terrestre & au dessous des eaux maritimes.

I L.

Les laves qu'on a apportées des Volcans de l'Amérique, de l'Orient, du Nord, éloignées la plupart d'un demi-diametre du globe, offrent encore, en les comparant, la même analogie & la même ressemblance malgré leurs variétés.

Donc le feu volcanique donne des produits analogues dans tous les lieux connus de la surface du globe : ces laves sont par-tout ferrugineuses, fusibles, attirables à l'aimant, étincelantes au choc du briquet, &c. La même cause produit ainsi le même effet dans toutes les contrées & sur toutes les élévations terrestres.

III.

LES Volcans les plus antiques de la terre, ceux qui ont vomi avant la formation des vallées, & qui ont produit des basaltes ou des laves spongieuses, ceux même qui ont coulé avant la formation des carrieres calcaires secondaires, offrent plusieurs produits analogues à la lave compacte ou spongieuse qui a coulé en 1779 du Vésuve enflammé, & dont on a envoyé en France des échantillons.

DONC la Nature offre la même analogie & homogénéité dans les laves de toutes les éruptions, depuis celles qui avoisinent la formation du globe, jusqu'à celles que les Volcans vomissent aujourd'hui.

I V.

Tous ces Volcans anciens & modernes doivent être considérés néanmoins comme des montagnes de nouvelle formation, posées sur un terrein plus antique fondamental.

Ce sol est calcaire ou granitique, ou schisteux, ou caillouté, ou enfin c'est le fond actuel d'une mer.

Or, lorsque dans nos opérations chimiques nous exposons à l'action d'un feu violent ces diverses substances, leur produit varie comme les matieres d'essais: les scories des pierres vitrifiables ont toujours leur forme ; les roches calcaires exposées au même feu qui fond les précédentes, se calcinent & ne fondent pas.

Les Volcans posés sur des montagnes

granitiques, schisteuses & calcaires, offrent cependant des basaltes homogenes & semblables.

Donc le foyer souterrain qui prépare des laves par-tout homogenes & analogues dans leur constitution, est bien intérieur à la montagne sur laquelle est posé un Volcan, qui n'en est que la cheminée.

V.

On reconnoît aujourd'hui que l'eau fut le premier intermede des roches calcaires, qu'elle présida à la formation des schistes, des granits, des pierres secondaires.

Cependant l'eau a donné dans ces substances des produits hétérogenes.

Donc le feu est le seul élément qui élabore ses produits semblables & analogues entre eux; l'eau a formé dans tous les temps des roches hétérogenes, & le feu des Volcans a donné dans tous les âges de la Nature des substances homogenes toujours semblables entre elles, toujours ferrugineuses, fusibles, attirables à l'aimant, étincelantes au choc du briquet, &c. &c.

V I.

Toutes les laves connues sont ferrugineuses, le fer semble même dominer dans leur constitution.

Or les Volcans du Coiron en Vivarais, par exemple, & plusieurs autres, sont situés sur une roche calcaire ou marneuse où l'on ne trouve aucun indice de fer; & cette roche, qui est en plusieurs endroits coupée presque à pic & souvent de plus de cent toises d'élévation, n'est ferrugineuse dans aucune de ses parties.

Donc il existe dans le foyer souterrain & profond des Volcans, des mines considérables ferrugineuses, aliment des Volcans inconnus sur la surface où ces Volcans ont répandu leurs laves.

VII.

Les contrées volcanisées sont affligées de fréquens tremblemens de terre : les éruptions majeures des Volcans sont toujours accompagnées de ces tremblemens. La terre s'entr'ouvre souvent dans le voisinage des bouches ignivomes : les scissures observées dans les environs des plus vieux Volcans annoncent que leurs éruptions furent accompagnées des mêmes phénomenes.

Donc les forces projectiles des Voleans agiſſans, & les forces de trépidation des tremblemens de terre paroiſſent avoir beaucoup d'analogie. Et comme la force projectile & le foyer des Volcans ſont très-profonds, comme les forces de trépidation des tremblemens de terre ſont auſſi placées à des profondeurs étonnantes du globe, puiſqu'ils ſe propagent quelquefois d'un bout du monde à l'autre, comme il arriva à celui de Lisbonne avoiſiné d'un grand Volcan éteint ; on peut croire auſſi qu'une éruption volcanique & un tremblement de terre ſont des réſultats différemment modifiés au dehors de la même force ſouterraine qui agit dans de vaſtes profondeurs du globe : mais comme nous n'avons point encore publié les obſervations qui nous permettent de définir cette force, nous en renvoyons l'Hiſtoire à la ſuite de cet Ouvrage.

VIII.

L'AIR atmosphérique est l'ame du feu ; sans air, la combustion des corps est impossible. Le vide de la machine pneumatique fait disparoître la flamme, il éteint des charbons allumés ; les vapeurs gazeuses ne peuvent suppléer à l'office de cet élément, elles éteignent le feu.

NON seulement il faut de l'air pur pour entretenir le feu, mais encore cet air doit-il être libre, & se renouveler dans l'espace où les corps brûlent, comme l'eau d'un fleuve se renouvelle par le transport du fluide d'un espace dans un autre. Les Physiciens sont convaincus de cette nécessité pour l'entretien des corps embrasés.

CEPENDANT les Volcans sous-marins

ne semblent point jouir d'un air ainsi modifié, ils vomissent néanmoins hors du
sein des eaux, des matieres fondues analogues aux laves que les Volcans des
continens répandent sur un terrein sec.

Donc le feu des Volcans qui fond
& prépare les laves, est attisé par une
cause différente, tandis que les feux
atmosphériques sont nourris par des courans d'air souvent renouvelé.

I X.

Plus le feu souterrain d'un Volcan a
d'énergie, plus aussi les matieres qu'il
élabore & répand sont considérables.

Or il est démontré que la Nature a
produit dans l'antiquité de ses périodes,
un plus grand nombre de Volcans qu'elle
n'en produit aujourd'hui : l'Allemagne,

l'Espagne, le Portugal, la France, &c.
&c. offrent mille bouches ignivomes &
des monumens très-considérables d'in-
cendies de vieille date ; tandis que ces
contrées ne possedent plus aujourd'hui
des Volcans enflammés. Tous les Volcans d'Italie qui ont agité jadis cette
partie du globe, qui ont formé de vastes
parties de continent volcanisés, sont ré-
duits aujourd'hui à deux Volcans.

Donc la cause souterraine qui attise
le feu des Volcans, a été plus active
& plus forte dans les âges passés de la
Nature.

DÉFINITION DU FEU VOLCANIQUE.

La matiere des Volcans est une
substance ferrugineuse, vitreuse, incandescente, brûlant dans les entrailles de
la terre sans le concours de l'air extérieur atmosphérique ; se faisant jour à

travers les couches diverses de la terre, comme à travers des tuyaux transpiratoires ; déterminée à sortir par la répercution & le choc d'une grande masse d'eau maritime contre la masse incandescente souterraine, ce qui opere l'explosion (comme le contact de l'eau froide & du métal fondu dans le fourneau) ; active & douée par conséquent de forces expulsives, de forces de trépidation, de forces de communication de tremblement de terre ; expulsant quelquefois les eaux salées ou fangeuses de la mer qui la touchent ; non éteinte, mais couvée dans les souterrains des continens faute d'eau maritime ; manifestée dans ces régions par les vapeurs chaudes produit du feu, par le gaz produit de la décomposition, par des eaux ferrugineuses produit de la décomposition du fer des laves ; perçant au dehors à tra-

vers les terreins qui préſentent les moin-
dres obſtacles ; ſe ſubdiviſant en pluſieurs bouches voiſines, lorſqu'elle ne
peut ſoulever toute une montagne ; formant alors, à la longue, des grouppes de
Volcans ; continuant, dans les mers, de
vomir à travers les mêmes crateres déjà
ouverts, & plus aiſés à parcourir ; n'agiſſant plus au dehors dans les continens
lorſque les eaux de la mer diminuent &
s'en retirent (*à moins que les fleuves ne
ſuppléent aux eaux maritimes, mais ils
ne ſont point toujours ſuffiſans ; car la
quantité d'eau répandue par la mer dans
les laboratoires volcaniques eſt quelquefois ſi énorme, qu'on a vu la mer reculer à cauſe de la quantité d'eau ab-
ſorbée;* jadis plus active, 1°. parce que
la mer couvroit une plus grande partie
de terres ; 2°. parce que toute matiere
fondue environnée de matieres froides

s'éteint peu à peu, se distribuant par conséquent sur la terre non par longitudes
ni par latitudes, mais selon le bassin &
le systéme des mers; s'offrant ainsi sous
des aspects différens dans les environs
de l'Océan & de la Méditerranée; multipliant les bouches ignivomes sur le
revers de la chaîne qui verse dans la
Méditerrannée à cause du voisinage des
eaux maritimes; enfantant des Volcans
plus rarement vers la chaîne opposée à
cause de l'éloignement des eaux de l'O-
céan; agissant d'ailleurs sous la ligne
comme dans l'Islande & dans les Tropiques, parce que ce feu ne dépend
point du feu extérieur atmosphérique;
n'éprouvant presque jamais des éruptions contemporaines dans les divers Volcans connus, parce que la force expulsive
n'est déterminée que par l'action externe
& locale de l'élément liquide maritime qui
opere l'explosion; éprouvant des érup-

tions après les tremblemens de terre, parce que l'eau de la mer trouvant des issues ouvertes par les mouvemens *trépidatoires*, combat avec l'élément enflammé (*a*).

(*a*) On doit lire avec attention, dans les Mémoires de l'Académie des Sciences, les descriptions des solfatares par M. de Fougeroux de Bondaroy. Elles confirment aussi une partie de ces résultats.

Fin des Commentaires & des Notes.

Suite des Monts
Appennins
Nola
St Anastasio
Monte
di Somma
Ottajano
Mont
Vesuve
Portici
Resina
Monte S. Angelo
Viuli
Torre del Greco
Torre del
Pompei
Annunciata
TERRANÉE
A
Stabia
C. a Mare
Mte Torre

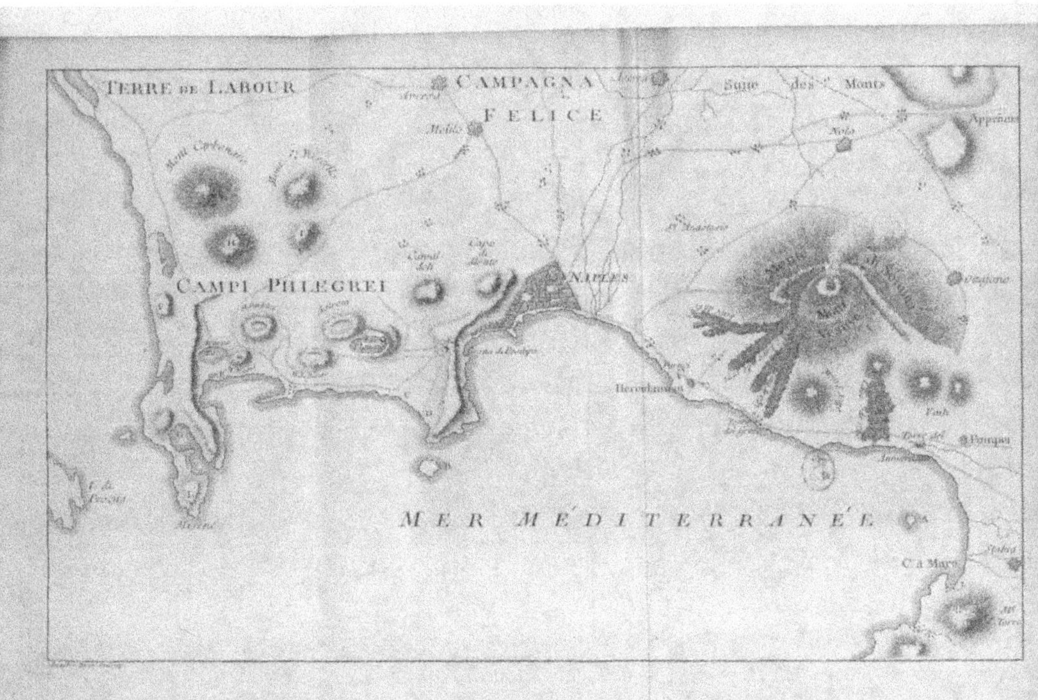

TERRE DE LABOUR
CAMPAGNA
FELICE
Sane des 2 Monts
Apennins
Nola
Campi Phlegrei
Melito
Mont Cuboncie
Lac d'Agnano
Cima del
Capo di Chia
NAPLES
St Anastasio
Mont Vesuve
St Sebastiano
Ottaiano
Herculanum
Pauli
Torre del
Pompeu
Lac de Fusaro
Misene
MER MÉDITERRANÉE
C. a Mare
Stabia
Mte Torre

TABLE
DES LETTRES
ET DES NOTES.

Fin de la Table.

ERRATA.

Page 29, lig. 6, 1776, *lisez* 1766.

Page 121, lig. 7, avions vu notre, *lisez* avions vu de notre.

Page 323, lig. 16, plusieurs contrées, *lisez* plusieurs coulées.

Page 326, lig. 14, ces déblais, ces Volcans, *lisez* les déblais de ces Volcans.

Page 357, lig. 6, Volcans, le, *lisez* Volcans sous-marins, le.

Page 365, lig. 4, & par le Rhône, *lisez* & par l'Erieux & le Rhône.

www.ingramcontent.com/pod-product-compliance
Lightning Source LLC
LaVergne TN
LVHW020939050726
842519LV00001B/78